PHOTOSHOP
おいしい
ネタ事典

Norio Isayama
Masaya Eiraku
Hayato Ozawa [cornea design]
Toshiyuki Takahashi [Graphic Arts Unit]

(はじめに)

変化し続けるデザインシーンでマストな、
乗り遅れないための新作デザインネタを取りそろえました。

街のポスターで見かけたあのデザイン。
ウェブで光っていたあんなビジュアル。
どうやって作っているのかがわかるように、
実践的なデザインのネタをたっぷりご紹介しています。

Photoshop の基本操作はできるけれども、
まだプロみたいなデザインはできない方、
デザイン勉強中の方から、
仕事でデザインをしている中級レベルの方まで。
アイデアのヒントが欲しい方、
自分のデザインの引き出しを充実させたい方におすすめです。

OISHII NETA JITEN Contents

1 / ナチュラルフェミニン

№ 001　P012

異なるパターンで彩ったフラッグのパーツ

№ 002　P014

草むらの上に置いた木目調テキストのビジュアル

№ 003　P018

パッチワークのようなパターンのテキスト

№ 004　P020

キラキラのブラシで写真をかわいく彩る

№ 005　P023

飾りパーツとして使えるカーリーブラケット

№ 006　P026

写真を使った、流行のレトロイラスト風パターン

№ 007　P030

写真からファッションデザイン画のようなイメージを作成する

№ 008　P032

ピンクがかったガーリーな写真に仕上げる

№ 009　P034

解像度の低い画像をレトロな雰囲気に変える

№ 010　P036

水彩画テイストのナチュラルで華やかなロゴ

№ 011　P038

木のテクスチャを活かした焼き印のようなロゴ

№ 012　P040

ポイントになるちょっとしたあしらい

№ 013　P042

黒板にチョークで描いたような文字で見出しを作る

2 / ハードストリート

№ 014　P044

PUNKっぽいストリートなイメージ

№ 015　P046

文字にスタンプのようなカスレを追加する

№ 016　P048

ネオンサインのようなビジュアル

№ 017　P052

スプレーを吹きつけたようなステンシル文字

№ 018
インクの
ストロークを活かした
写真のあしらい

№ 019
インクがにじんだような
表現のサイトロゴ

№ 020
スプレーを
吹きつけたような
テクスチャ

№ 021
ライブ写真の色を
変更して作る、クールな
イメージのフライヤー背景

№ 022
ガラスの割れたような
ブラシで作る、
クールハードなイメージ

№ 023
メタリックな質感の
ゲームのロゴ

№ 024
粒子の粗い、
力強い写真に変える

3 / ビジネス

№ 025
ドットで構成する
世界地図

№ 026
ヘアラインステンレスの
テクスチャ

№ 027
都市の写真を
クールな印象に変える

№ 028
通信会社をイメージした
立体感のあるロゴ

№ 029
パンフレット仕様に
するために
青空を追加する

№ 030
フラットで今っぽい
アプリアイコン

4 / クリエイティブ

№ 031
インクで書いたような
ファッション系雑誌の
見出しデザイン

№ 032
最新技術系イベントの
ロゴデザイン

№ 033
霧をプラスして
写真をクールな印象に

№ 034
ブラウン管が
歪んだような
デジタルなタイトルロゴ

Contents

Nº 035

P101
フラットなのに立体的な
3Dテキスト

Nº 036

P104
重みがあるシリアスな印象の写真にする

Nº 037

P106
クロスプロセス的な雰囲気を出す

Nº 038

P108
カラフルな
ローポリゴンのパターン

Nº 039

P112
漫画の集中線をイメージした背景パーツ

Nº 040

P114
サイン球で装飾した
箱文字風タイトル

Nº 041

P117
タイポグラフィと
画像を組み合わせた
デザイン

Nº 042

P120
図形を組み合わせて作る
クリエイティブなイメージの
タイポグラフィ

Nº 043

P124
フィルムで撮ったような
雰囲気ある写真加工

Nº 044

P128
1色印刷のような
雰囲気のあるイメージ

5 / カジュアル

Nº 045

P132
写真をスタンプ風に
加工して飾りに

Nº 046

P134
水彩で描いたような
チェック柄のサイト背景

Nº 047

P136
手描きで作成したような
webパーツ

Nº 048

P138
版ズレしたような表現で
写真をポップに

Nº 049

P140
小物の背景に
色味をつけて
ポップにしたフライヤー

Nº 050

P142
キラキラした
パズル系アプリの
アイコンデザイン

Nº 051

P146
スニーカーを切り抜いて
軽やかなイメージを作成

Nº 052

P150
太い縁取りと
ズレた塗りで作る
ポップなタイトルロゴ

Nº 053

P153
チェック柄のパターンを
素早く作る

Nº 054  P156
カラフルな
ランダムドットパターン

Nº 055 P160
パターンを使って
イラストを
ポップに仕上げる

Nº 056  P162
レトロでPOPな
ビジュアルイメージ

Nº 057 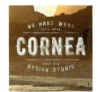 P166
ヴィンテージな
イメージのロゴ

6 / パーソン

Nº 058  P168
手軽に肌の
レタッチを行う

Nº 059  P169
やわらかく透明感ある
印象に仕上げる

Nº 060  P170
トイカメラ風に仕上げる

Nº 061  P171
単焦点レンズで
大きくボカしたような
写真加工

Nº 062  P172
懐かしい風合いの
写真にする

Nº 063 P173
ブリーチバイパス風の
写真に仕上げる

Nº 064  P174
朝方のイメージに
切り替える

Nº 065  P175
独特の色合いの
クロスプロセス風写真

Nº 066  P176
フィルムが感光した
イメージの
写真に仕上げる

Nº 067  P178
力強い
高感度フィルム風写真

Nº 068 P179
映画のような
低彩度高コントラストな
風景写真

Nº 069  P180
服に柄をプラスする

Nº 070 P182
手を汚したような加工で
ハードな印象に

Nº 071 P184
足の曲がり方を
自然に変える

Contents

№ 072 P186

マニキュアをつけたように
ツメを着色する

№ 073 P188

人物写真を
ミニチュア風に加工する

№ 074 P190

唇を赤く、メタリックな
イメージにする

№ 075 P192

肌をつるつるに修正する

№ 076 P193

髪の一部分を
グラデーションカラーに
変える

№ 077 P194

白い背景を
カラフルでPOPに変える

№ 078 P198

油彩で描いたような
タッチに加工する

№ 079 P200

普通の写真を
カラフルで奇抜な
イメージに変える

№ 080 P203

人物の写真の中に
風景を入れる

№ 081 P206

POPアート風に仕上げる

№ 082 P207

簡単に
ミニチュア風に加工する

№ 083 P208

色つきの光が
当たっているような
イメージを作る

№ 084 P214

POPな背景と人物が
溶け合ったような
デザイン

№ 085 P216

2枚の写真を合成した
アーティスティックな
フライヤー

№ 086 P219

文字の間に
人物を入れ込んだ
デザイン

№ 087 P222

画像を2枚重ねた
動きのあるデザイン

7 / フード グッズ ネイチャー

№ 088 P226

食べ物を
おいしそうに見える
色味に調整

№ 089 P228

食べ物の写真を
イラスト的な表現にする

№ 090 P231

色の悪い画像を
シズル感がある
おいしそうな画像に変える

№ 091 P234

イラスト素材を使って
ラテアートを合成する

№ 092 P238

街角スナップを
オシャレな色味に変える

№ 093 P240

逆光写真を
簡単に修正する

№ 094 P242

おもちゃの写真を
レトロでポップな印象に

№ 095 P244

普通の風景写真を
印象的に変える

№ 096 P247

風景写真を
幻想的な雰囲気に変える

№ 097 P251

物撮り写真を
クールにかっこよく
仕上げる

№ 098 P252

「宙玉」風に加工する

№ 099 P254

写真の一部分の
色を変えて強調する

№ 100 P256

雪を押し込んだような
タイポグラフィ

№ 101 P258

プリントTシャツの
モックアップを作る

№ 102 P262

型抜きをしたような加工

№ 103 P264

ありえない合成で
インパクトを出す

P267

Photoshop
かんたん操作ガイド

OISHII NETA JITEN *Information*

本書内容に関するお問い合わせについて

このたびは翔泳社の書籍をお買い上げいただき、誠にありがとうございます。
弊社では、読者の皆様からのお問い合わせに適切に対応させていただくため、
以下のガイドラインへのご協力をお願い致しております。
下記項目をお読みいただき、手順に従ってお問い合わせください。

▷ **ご質問される前に**
弊社 Web サイトの「正誤表」をご参照ください。
これまでに判明した正誤や追加情報を掲載しています。
正誤表　http://www.shoeisha.co.jp/book/errata/

▷ **ご質問方法**
弊社 Web サイトの「刊行物 Q&A」をご利用ください。
刊行物 Q&A　http://www.shoeisha.co.jp/book/qa/

インターネットをご利用でない場合は、FAX または郵便にて、
下記 " 翔泳社 愛読者サービスセンター " までお問い合わせください。
電話でのご質問は、お受けしておりません。

▷ **回答について**
回答は、ご質問いただいた手段によってご返事申し上げます。
ご質問の内容によっては、回答に数日ないしは
それ以上の期間を要する場合があります。

▷ **ご質問に際してのご注意**
本書の対象を越えるもの、記述個所を特定されないもの、
また読者固有の環境に起因するご質問等には
お答えできませんので、予めご了承ください。

▷ **郵便物送付先および FAX 番号**
送付先住所　〒160-0006　東京都新宿区舟町 5
FAX 番号　　03-5362-3818
宛先　　　　（株）翔泳社 愛読者サービスセンター

※本書掲載のテクニックを実践するには、Adobe Photoshop(CS3/CS4/CS5/CS6/CC)が必要です。
※本書に記載されたURL等は予告なく変更される場合があります。
※本書の出版にあたっては正確な記述につとめましたが、著者や出版社などのいずれも、本書の内容に対してなんらかの
　保証をするものではなく、内容やサンプルに基づくいかなる運用結果に関してもいっさいの責任を負いません。
※本書に記載されている会社名、製品名はそれぞれ各社の商標および登録商標です。

(1章)

Natural, Feminine

ナチュラル・フェミニン

№ 001

異なるパターンで彩ったフラッグのパーツ

複数のフラッグに異なるパターンを適用し、
キュートな飾りパーツを作成してみましょう。

creator: Toshiyuki Takahashi (Graphic Arts Unit)

01　フラッグのイメージは、文字を利用して作ります。[横書き文字ツール]でカンバスをクリックし、下向き三角形の文字を8つほど入力します❶❷。テキストはセンター揃えで、全体がカンバスサイズより一回り小さくなるように、サイズを調整しておきましょう。カラーは何色でもかまいません。

02　[書式]→[ワープテキスト]を選択し、[スタイル：円弧]、[水平方向]、[カーブ：−30％]で実行します❸。テキストが下向きにカーブしました❹。三角形の文字がそれぞれ密着している場合は、[文字パネル]で[トラッキング]の値を増やして、少し間隔を空けておきましょう。これでフラッグのイメージは完成です❺。

03　次に、フラッグにパターンを適用していきましょう。今回使うパターンは8種類です❻。これらは、あらかじめパターンに登録しておきます。パターンにしたい画像を開いた状態で、[編集]→[パターンを定義]を選択し、名前設定して実行すれば、パターンの登録ができます❼❽。

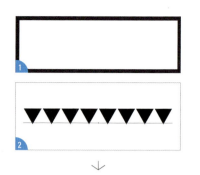
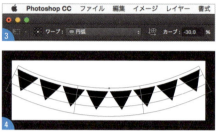

04 続いて、フラッグにパターンを貼り込んでいきましょう。まずは、左端のフラッグから。［ペンツール］を選択し、左端のフラッグ周囲をクリックしながら囲むようにシェイプを作成します❾。開始点のアンカーポイントをクリックすることで、シェイプの作成は終了できます❿。シェイプは、他のフラッグにかからないように注意しましょう。

05 ［パスコンポーネント選択ツール］を選択し、［オプションバー］で［塗り：パターン］、［線：なし］にします。［塗り］を［パターン］にしたら、パターンピッカーが表示されるので、先ほど登録したパターンの中から好きなものをひとつ選びます⓫⓬⓭。

06 パターンを適用したシェイプのレイヤーを選択し、［レイヤー］→［クリッピングマスクを作成］を実行すると、フラッグからはみ出た部分がマスクされ、パターンが三角形にフィットします⓮⓯。

07 同じ手順を繰り返し、8つ分のシェイプを別レイヤーで追加していき、それぞれクリッピングマスクを作成すれば完成です⓰⓱。

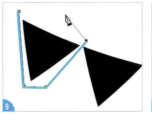

ONE POINT technique

完成後は、ベースとなるフラッグのレイヤーがひとつ、パターン用のシェイプレイヤーが8つ、合計9つのレイヤーで構成されます。それぞれのレイヤーは、独立して移動できてしまうため、全体を動かそうとしてもうっかりフラッグとシェイプがずれてしまうことがあります。これを防止するためには、レイヤーのリンクを使うといいでしょう。9つのレイヤーをすべて選択してから、［レイヤー］→［レイヤーをリンク］を実行します。こうしておくことで、リンクしたレイヤーを連動して動かすことが可能となります。

№ 002

草むらの上に置いた
木目調テキストのビジュアル

木目調のテクスチャをテキストに合成し、
草むらの上に置いたようなビジュアルを作成してみましょう。

creator: Toshiyuki Takahashi (Graphic Arts Unit)

01 草むらをデジカメで撮影した写真を開きます❶。なるべく角度がつかないように、真上から撮影するように心がけましょう。絞りを調整できるカメラの場合、できるだけ絞りを絞って（F値を大きくして）遠近によるぼかしを少なめにしておくのもポイントです。部分的にぼかしが入ると、あとの作業がやりにくくなります。

02 ［横書き文字ツール］を使って、文字を入力します❷。文字の配置や角度をランダムにするため、1文字ずつを別レイヤーにしておきましょう❸。[編集]→[自由変形]を使って、すべての位置や角度をランダムにして動きを出します❹。

03 文字のレイヤーをすべて選択し❺、[レイヤー]→[新規]→[レイヤーからのグループ]でグループ化します。グループの名前は「文字セット」とします❻。[レイヤーパネル]で、このグループを選択し、[レイヤーマスクの追加]をクリックし、レイヤーマスクを追加しておきます❼。

（元画像）

04 文字に立体感を追加します。1文字目のレイヤーを選択し❽、［レイヤー］→［レイヤースタイル］→［ベベルとエンボス］を選択し、❾のような設定にします。さらに、［レイヤー］→［レイヤースタイル］→［ドロップシャドウ］で文字にドロップシャドウを追加します❿ ⓫。

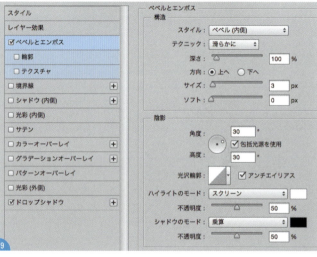

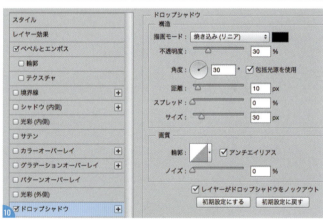

05 続いて、文字に木目のテクスチャを合成します。木目の画像を開いて、草むらのドキュメントにコピーペーストします⓬。ペーストした木目のレイヤーの重ね順を、1文字目の文字のひとつ上に移動し⓭、[レイヤー] → [クリッピングマスクを作成] を実行します⓮ ⓯。

06 木目のレイヤーを選択した状態で[編集] → [自由変形] を選択し、画像の大きさや角度を調整します⓰。角度は、目視でおおよそ文字に合っていれば問題ありません。

07 文字内の一部に草を食い込ませて、「置いている感」を強調しましょう。「文字セット」グループのレイヤーマスクサムネールをクリックして選択し⓱、[消しゴムツール] で文字の境界を部分的に消して、草を文字の上にはみ出させます⓲ ⓳。

08　1文字目の木目レイヤーの上に新規レイヤーを追加し、［レイヤー］→［クリッピングマスクを作成］を実行します⓴。［ブラシツール］を選択し、［ソフト円ブラシ］を使って影を描画していきます㉑㉒㉓。濃度はレイヤーの不透明度で調整するといいでしょう。クリッピングマスクとレイヤーマスクを使っているので、はみ出しを気にせず描画できます。

09　残りの文字に対して手順04からの工程を繰り返し、すべての文字を仕上げれば完成です㉔。

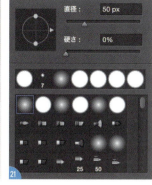

今回のテクニックでは、すべての文字に同じレイヤースタイルを適用しています。このような場合は、レイヤースタイルのコピーを利用すると効率的です。元となるスタイルが適用されたレイヤーを右クリック→［レイヤースタイルをコピー］を選択したあと、対象となるレイヤーを右クリック→［レイヤースタイルをペースト］を選択すればOKです。一度コピーすれば、2回目以降はペーストのみで大丈夫です。

№ 003

パッチワークのような
パターンのテキスト

パターンの塗りつぶし機能を使って、パッチワークを
イメージさせるカラフルな柄を手軽に作成してみましょう。

2016.2.10 TOKYO EAST PARK

creator: Toshiyuki Takahashi (Graphic Arts Unit)

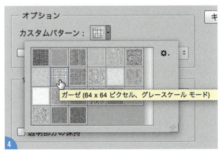

01　［ファイル］→［新規］で、パターンで塗りつぶしたいサイズの新規ドキュメントを作成します。今回は、［幅：100mm］、［高さ：70mm］、［解像度：300pixel/inch］としました❶。［横書き文字ツール］で任意の文字を入力します。大きさは画像に合わせて調整しましょう❷。

02　新規レイヤーを作成し❸、［編集］→［塗りつぶし］を選択して［内容（CC以前は「使用」）：パターン］、［カスタムパターン：ガーゼ］で実行します❹。［ガーゼ］のパターンがないときは、パターンピッカーの右上にある歯車アイコンをクリックし、［アーティスト］を選択してパターンを追加しましょう。

03　［スクリプト］の左にあるチェックボックスをオンにし、［レンガ塗り］を選択して［OK］をクリックすると❺、［レンガ塗り］の設定画面が表示されます。❻のように設定して実行します。全体がカラフルなパターンで塗りつぶされました❼。

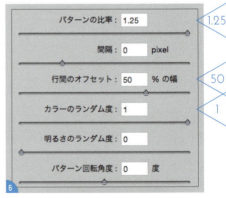

04 このままだと彩度が高すぎるので、色を補正していきましょう。［レイヤーパネル］の下部にある［塗りつぶしまたは調整レイヤーを新規作成］をクリックし、［色相・彩度］を選択して調整レイヤーを追加したら❽、［属性パネル］で［彩度：－40］、［明度：＋20］に設定します❾❿。

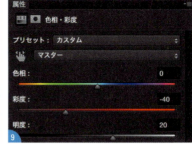

05 再び、［塗りつぶしまたは調整レイヤーを新規作成］をクリックして、今度は［カラールックアップ］を選択します⓫。［属性パネル］で［3D LUT ファイル：Fuji ETERNA 2500E Fuji 3510（by Adobe）.cube］を選択します⓬⓭。

06 ［レイヤーパネル］で、パターンのレイヤーと2つの調整レイヤーをすべて選択し⓮、［レイヤー］→［クリッピングマスクを作成］を実行し、余分な範囲をマスキングすれば完成です⓯⓰。

カラールックアップの機能を使うと、イメージの雰囲気を手軽に変更できます。今回使用したものの他にも、標準で多くのルックアップテーブルが用意されているので、ひとつずつ試しながら希望にあったものをチョイスしてもいいでしょう。

№ 004

キラキラのブラシで
写真をかわいく彩る

星型の図形を組み合わせて作るキラキラのブラシで、
写真を華やかに装飾します。

creator: Toshiyuki Takahashi (Graphic Arts Unit)

01 まずはキラキラのパーツを作りましょう。新規ファイルを作成し❶、[多角形ツール]を選択し、[オプションバー]でツールモードを[シェイプ]に設定します。カンバス上の適当な位置をクリックし、[星]をチェックして[辺のくぼみ：95％]、[幅：300px]、[高さ：300px]、[角数：8]の設定で[OK]をクリックします❷❸。頂点が8つある星型シェイプが作成されました❹。[塗り：べた塗り]、[線：なし]に設定しておきましょう。塗りのカラーは黒です。

02 ⌘（Ctrl）＋Aキーですべてを選択したあと、[レイヤー]→[整列]→[水平方向中央]と、[垂直方向中央]をそれぞれ1回ずつ実行し、星型シェイプをカンバスの中心に揃えます❺。

03 [パス選択ツール]を選択し、星型の頂点のうち、斜め45度の頂点4つのアンカーポイントだけをクリックで選択します❻。[編集]→[ポイントを変形]→[拡大・縮小]を選択し、[オプションバー]で[W：50％]、[H：50％]にして、右側の[○]をクリックします❼❽。

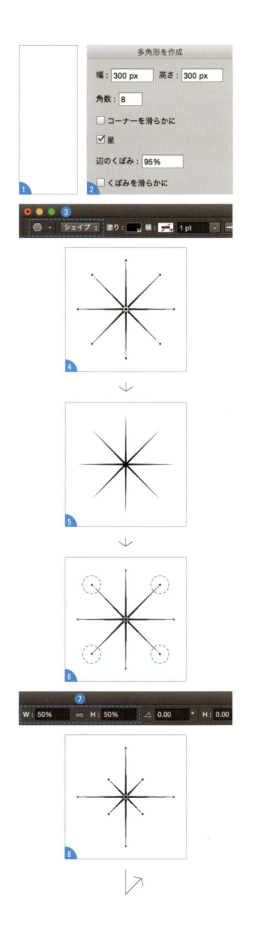

04 ［レイヤー］→［レイヤースタイル］→［光彩（外側）］を選択し、［カラー］を黒に設定してから、その他の設定を❾のようにします。星型の周辺に、発光の効果が加わりました❿。

05 ［フィルター］→［スマートフィルター用に変換］を実行したあと⓫、［フィルター］→［ぼかし］→［ぼかし（放射状）］を［量：100%］、［方法：ズーム］、［画質：高い］の設定で実行します⓬。周囲に向かってぼかしが入りました⓭。続けて、［編集］→［ブラシを定義］を選択し、［名前：キラキラブラシ］で［OK］します⓮。

06 ［ブラシツール］を選択したら、［ブラシパネル］を開き、⓯⓰⓱を参考にして設定を変更します。［ブラシパネル］では、左列から該当する項目をクリックして選択すれば、対応した設定画面が右側に表示されます。これでブラシは完成です。

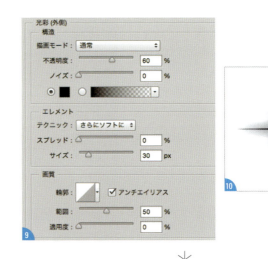

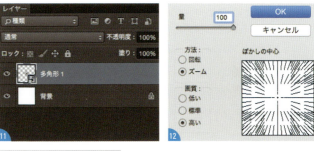

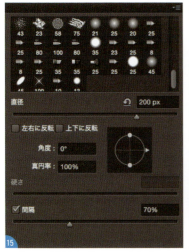

［ブラシ先端のシェイプ］の設定

［シェイプ］の設定

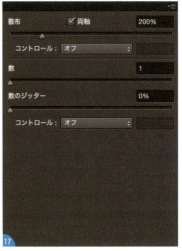

［散布］の設定

07 キラキラを入れたい写真を開き⑱、新規レイヤーを作成します⑲。描画色を白に変更して⑳、[ブラシツール]でドラッグすると、ランダムな大きさ、配置でブラシが描画できます㉑㉒。

頑張ってブラシの設定をカスタマイズしても、他のブラシに切り替えると設定が消えてしまいます。新しいブラシの設定を作成したら、プリセットとして保存しておくことを習慣づけましょう。[ブラシパネル]の[新規ブラシを作成]をクリックすることで、現在の設定を反映したプリセットを保存できます。

№ 005

飾りパーツとして使える
カーリーブラケット

基本的な図形の組み合わせを変形して、
滑らかな形のカーリーブラケットを作成します。

creator: Toshiyuki Takahashi (Graphic Arts Unit)

01　［幅：1200pixel］、［高さ：800pixel］で新規ドキュメントを作成し❶❷、［角丸長方形ツール］を選択し、［オプションバー］で［ツールモード：シェイプ］にしてカンバスをクリックします❸。［幅：1000pixel］、［高さ：500pixel］、［半径］をすべて［100pixel］の設定で角丸長方形シェイプを作成し❹、［塗り：黒］、［線：なし］にします❺。シェイプはカンバスの中央に移動しておきましょう❻。

02　［長方形ツール］を選択し、カンバスをクリックして［幅：120pixel］、［高さ：120pixel］の角丸正方形シェイプを作成します❼。［塗り：R：255、G：0、B：0］、［線：なし］に設定します❽。このカラーは、作業をわかりやすくするための仮のものです。

03 正方形シェイプのレイヤーを選択した状態で、[編集]→[パスの変形]→[ワープ]を選択します。[オプションバー]で[ワープ：膨張]、[カーブ：－100％]に設定して実行します❾。正方形が星のような形になりました❿⓫。さらに、[編集]→[変形]→[回転]を選択し、[オプションバー]で[角度：45°]にして[○]をクリックして変形を実行します⓬⓭。

04 星型シェイプのレイヤーをあと3つ複製し、⓮⓯のように角丸長方形の上下左右中央に配置します。[表示]→[エクストラ]→[スマートガイド]でスマートガイドを有効にしておけば、中央に揃えやすくなります。すべてのシェイプレイヤーを選択し⓰、スマートオブジェクトに変換しておきましょう⓱。

05 [編集]→[変形]→[ワープ]を選択し、[オプションバー]で[ワープ：膨張]、[カーブ：－20％]に設定して実行します⓲。中央が収縮し、滑らかな曲線になりました⓳⓴。これが、カーリーブラケットのベースとなります。

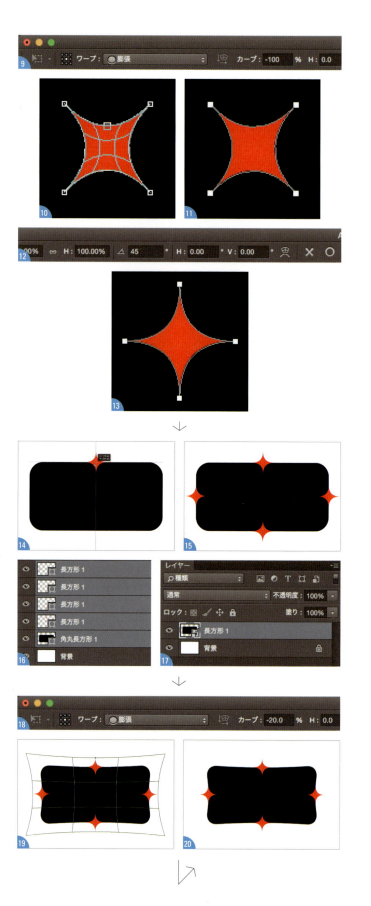

06 ［レイヤー］→［レイヤースタイル］→［境界線］を選択し、［幅：8px］、［位置：内側］、［塗りつぶしタイプ：カラー］、［カラー：R：230、G：180、B：195］に設定します㉑。まだ［OK］はクリックしません。レイヤースタイルのダイアログを閉じてしまった場合は、［レイヤーパネル］で［境界線］の文字をダブルクリックして、再度開きましょう㉒。

07 左列の効果一覧から［カラーオーバーレイ］を選択し、カラーを白に設定します。［OK］をクリックしてレイヤースタイルを適用しましょう㉓。罫線と枠内のカラーが変更されました。これでカーリーブラケットが完成です㉔。

08 文字など要素を枠内に配置して使います㉕。

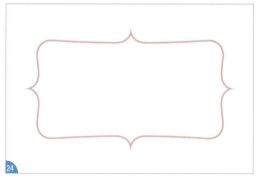

ONE POINT technique

スマートオブジェクトに対して適用したワープは、あとから設定を自由に変更できます。カーリーブラケットの膨らみを変更したいときは、再度［編集］→［変形］→［ワープ］を選択して、設定を変更しましょう。

№ 006

写真を使った、流行の
レトロイラスト風パターン

画像を切り抜き、フィルターをかけて
イラストっぽくしたら、着色して配置します。

creator: Hayato Ozawa

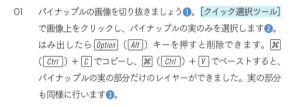

（元画像）

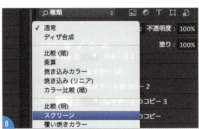

01　パイナップルの画像を切り抜きましょう❶。[クイック選択ツール]で画像上をクリックし、パイナップルの実のみを選択します❷。はみ出したら[Option]（[Alt]）キーを押すと削除できます。⌘（[Ctrl]）+[C]でコピーし、⌘（[Ctrl]）+[V]でペーストすると、パイナップルの実の部分だけのレイヤーができました。実の部分も同様に行います❸。

02　パイナップルの実の部分の色味を調整していきます❹。まず実のレイヤーを、[レイヤー]→[レイヤーを複製]でコピーし、[イメージ]→[色調補正]→[2階調化]を選び、[2階調化する境界のしきい値：80]にして、白黒にします❺❻。このレイヤーの上に[レイヤー]→[新規]→[レイヤー]で新規レイヤーを作成し[ブラシツール]で[描画色]を茶色にして、塗りつぶします❼。[描画モード：スクリーン]にします❽。

03 ❾のようになったら、階調化したレイヤーと茶色で塗りつぶしたレイヤーを [Shift] を押しながら選択し、[レイヤー] メニュー→ [レイヤーを結合] で結合させます。[レイヤーパネル] で [描画モード：乗算] にします❿⓫。

04 パイナップルの実の部分の色味をさらに調整していきます。先ほど統合したレイヤーとパイナップルの実のレイヤーの間に、[レイヤー] メニュー→ [新規] → [レイヤー] で新規レイヤーを作成します。[描画色] をオレンジにし、[ブラシツール] で塗りつぶします⓬。[レイヤーパネル] で、[描画モード：ソフトライト] にします⓭⓮。

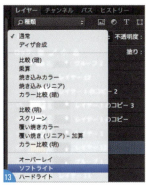

05 次に同様に、パイナップルの葉の色味を調整していきましょう。［レイヤー］→［レイヤーを複製］でコピーし、［イメージ］→［色調補正］→［2階調化］を選び、［2階調化する境界のしきい値：80］にして、白黒にします❶。
このレイヤーの上に、［レイヤー］メニュー→［新規］→［レイヤー］で新規レイヤーを作成します。［描画色］を濃い緑色にし、［ブラシツール］で塗りつぶします❶。［描画モード：スクリーン］にします❶。階調化したレイヤーと緑で塗りつぶしたレイヤーを Shift を押しながら選択し、［レイヤー］→［レイヤーを結合］を選択。レイヤーパネルで［描画モード：乗算］にします❶。

06 さらに先ほど統合したレイヤーと葉のレイヤーの間に、［レイヤー］→［新規］→［レイヤー］で新規レイヤーを作成します。［描画色］を黄色にし、［ブラシツール］で塗りつぶします❶❷。［レイヤーパネル］で、［描画モード：乗算］にします❷。
2階調化したレイヤーと黄色で塗りつぶしたレイヤーを Shift を押しながら選択し、［レイヤー］メニュー→［レイヤーを結合］で結合させます。［レイヤーパネル］で［描画モード：乗算］にします❷。

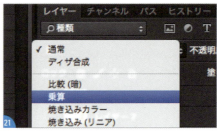

07　[レイヤー] → [画像を統合] を選び、すべてのレイヤーの画像を統合します。新規ファイルを作成し、画像をコピーペースト㉓㉔。
　　ひとつひとつ ⌘（Ctrl）+ T で画像を傾かせ、ランダムに配置します。

08　フィルターで質感を出していきましょう。配置した画像を ⌘（Ctrl）+ E で結合します。[フィルター] → [ブラシストローク] → [はね...] を選択。この画像をコピーペーストし、[フィルター] → [ピクセレート] → [カラーハーフトーン] を選択㉕㉖。
　　[レイヤーパネル] で [描画モード] を [ソフトライト]、[不透明度：50％] とします㉗。[文字] ツールで文字を載せ、長方形の上に置いて完成です㉘。

↓

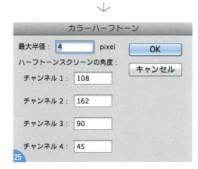

creator: Hayato Ozawa

（元画像）

↓

↓

↓

↓

↗

№ 007

写真から
ファッションデザイン画のような
イメージを作成する

2階調化やフィルターで加工後、水彩画の素材を合成します。

01　最初に画像を切り抜きます。まず、人物の画像を開き、［クイック選択ツール］で画像をクリックアンドドラッグして、人物を選択していきます。ブラシサイズを変更したり、Option（Alt）キーを押しながらクリックしたりして、人物の形に切り抜きましょう❶。次に［イメージ］→［色調補正］→［色相・彩度］で［彩度：−100］にします❷。

02　［レイヤー］→［新規調整レイヤー］→［2階調化］を選びます。［2階調化する境界のしきい値］を調整し、イラスト風にします。ここで、レイヤーマスク（P269参照）や［トーンカーブ］、［明るさ・コントラスト］を使い、色味に変化をつけるとさらに雰囲気がアップします❸❹。

03　［レイヤー］→［表示レイヤーを結合］で画像を統合したら❺、［フィルター］→［スケッチ］→［スタンプ］でラフな感じにします❻。

04 水彩画の素材を開き、[イメージ] → [色調補正] → [色相・彩度] で、[彩度：0] にしてから、⌘（Ctrl）＋C、⌘（Ctrl）＋V を繰り返し、素材を複製します❼。[移動ツール] や、自由変型（⌘（Ctrl）＋T）で適切なサイズにします❽。トーンカーブで色の濃淡をつけてもよいでしょう❾。

05 [レイヤーパネル] で [描画モード：スクリーン] にします❿ ⓫。文字を配置して完成です⓬。

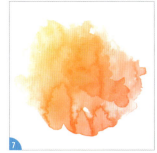

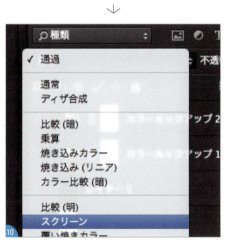

作例画像では女性の上半身は濃い墨色、足は薄めにするために、作例では、レイヤーマスク（P269）を使って切り分けてそれぞれにトーンカーブ等で濃度に差をつけています。

№ 008

ピンクがかった
ガーリーな写真に仕上げる

トーンカーブと描画モードを使って
ピンクトーンの写真を作成してみましょう。

creator: Hayato Ozawa

（元画像）

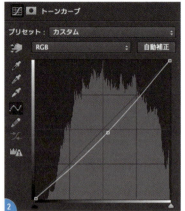

↓

01　画像を用意し、少しだけ暗くします。［レイヤー］→［新規調整レイヤー］→［トーンカーブ］を選択し、カーブを少し下げます❶❷❸。

02　画像を青っぽくしましょう。［レイヤー］→［新規］→［レイヤー］で、新規レイヤーを作ったら、［ツールパネル］で［描画色］を水色にし、［塗りつぶしツール］で塗りつぶします。［レイヤーパネル］で［描画モード：スクリーン］、［不透明度：36％］にします❺❻❼。

03　コントラストを低くします。[レイヤー]→[新規調整レイヤー]→[トーンカーブ]でカーブを少し調整しました❽❾。

04　[レイヤー]→[新規]→[レイヤー]で新規レイヤーを作成し、[ツールパネル]で[描画色]をピンクにし、[塗りつぶしツール]で塗りつぶします❿。レイヤーパネル]で[描画モード：スクリーン]、[不透明度：65%]にします⓫⓬⓭。

05　最後にコントラストを調整します。[レイヤー]→[新規調整レイヤー]→[明るさ・コントラスト]で[コントラスト]を少し調整して完成です⓮⓯。

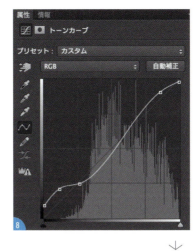

№ 009

解像度の低い画像を
レトロな雰囲気に変える

解像度が低い画像を、
あえてざらついた質感を出してカバーします。

（元画像）

creator: Masaya Eiraku

01　解像度が足りない写真❶を、あえて粗くざらついた質感の写真風に変えて、おしゃれっぽさを出しましょう。まず、［フィルター］→［ぼかし］→［ぼかし（ガウス）］で［半径：1.0pixel］で画像をぼかします❷。

02　次に、［フィルター］→［ノイズ］→［ノイズを加える］を選び、［量：4%］［ガウス分布］［グレースケールノイズ］にチェックを入れ、［OK］を押します❸。写真にざらついた質感が出ました❹。

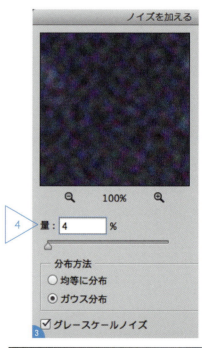

03 ［レイヤー］→［新規調整レイヤー］→［色相・彩度］で［色相：-17］［彩度：-58］にして色味を調整します❺❻。

04 ［レイヤー］→［新規調整レイヤー］→［トーンカーブ］で［グリーン］のラインをやや上に上げ、［RGB］のラインを上げて緑がかった画像にします❼❽❾。フライヤー素材に貼りつけ、文字素材をプラスして完成です。

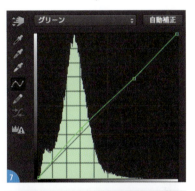

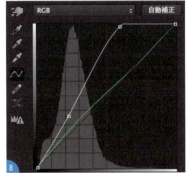

［トーンカーブ］パネル内のカーブをS字型にすることで、明るくコントラストの高い、一般的に好まれる画像にすることができます。S字型にするには、カーブ右上部を持ち上げ、カーブの右下部を引き下げるだけです。

№ 010

水彩画テイストの
ナチュラルで華やかなロゴ

水彩画のテクスチャを作成し、
ナチュラルで華やかなサイトロゴを作成します。

creator: Masaya Eiraku

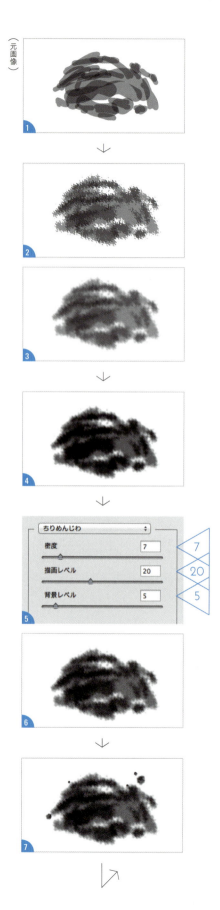

01 ［ファイル］→［新規］で、［プリセット：カスタム］［幅：148mm］［高さ：105mm］［解像度：300pixel/inch］の新規ファイルを作成します。［ハード円ブラシ］を選び、［不透明度：30%］［モード：乗算］でランダムに塗っていきます❶。

02 ［フィルター］→［変形］→［波紋］、［量：100%］［振幅数：中］を適用し、ジグザグに変形させます❷。さらに［フィルター］→［ぼかし］→［ぼかし（ガウス）］を［半径：5.0pixel］で適用します❸。

03 ここで、［フィルター］→［シャープ］→［アンシャープマスク］、［量：92］［半径：300］［しきい値：0］を適用し、❸を少しくっきりさせます❹。

04 ［フィルターギャラリー］→［ちりめんじわ］を適用します❺❻。

05 できあがった❻を⌘（Ctrl）+C、⌘（Ctrl）+V、でコピーペーストし、⌘（Ctrl）+Tで縮小変形させながら周りにいくつか配置したらブラシの基は完成です❼。できあがったものを［編集］→［ブラシを定義］で新規ブラシとして保存します。

06 ここで、ロゴの元となる❽を用意し、[フィルター]→[変形]→[波紋]を選び、[量：100%] [振幅数：小]を適用し、輪郭を少しラフにします。さらに[フィルター]→[ぼかし]→[ぼかし（ガウス）]、[半径：5pixel]を適用しぼかします❾❿。

07 ここで[レイヤー]→[新規]→[レイヤー]で新規透明レイヤーを作成します。❿の選択範囲を作成し、先ほどのブラシのプリセットを調整し⓫⓬⓭⓮、カラーを薄いピンク⓯で塗りつぶしていきます⓰。プリセットでカラージレットを適用しているので自然とカラフルな色味になります。さらに、同様のブラシで少しあしらいを足して完成です⓱⓲。

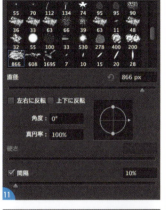

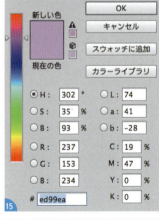

№ 011

木のテクスチャを活かした
焼き印のようなロゴ

［ベベルとエンボス］で、
木に焼きつけたようなロゴを作ります。

creator: Masaya Eiraku

（元画像）

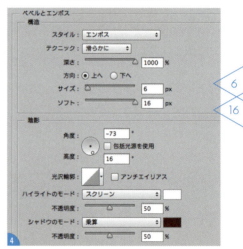

01　ベースとなる木の画像❶を開きます。［レイヤー］→［新規］→［レイヤー］で新規レイヤーを作成し、ロゴの文字データを作成します❷。

02　次に元画像❶のレイヤーを複製したのち、読み込んだロゴで選択範囲を作成し❸、レイヤーマスクを適用します。［レイヤー］→［レイヤースタイル］→［ベベルとエンボス］❹を適用します❺。
さらに［レイヤーパネル］で［描画モード：乗算］に変更し、少しへこんだ質感を出します❻❼。

03 次に、ロゴで選択範囲を作成した状態で、[レイヤー]→[新規調整レイヤー]→[トーンカーブ]を作成し⑧、色を濃くします⑨。

04 [フィルター]→[変形]→[ジグザグ]を適用し⑩、変形させます⑪。さらに[フィルターギャラリー]→[海の波紋]⑫を適用します⑬。最後に[フィルター]→[ぼかし]→[ぼかし（ガウス）]を[半径：10pixel]で適用したら、焼き印のような質感のロゴの完成です⑭。

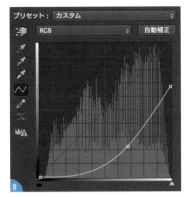

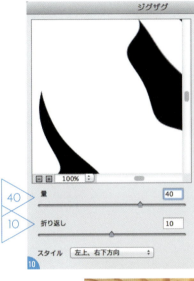

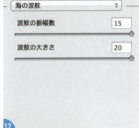

creator: Masaya Eiraku

№ 012

ポイントになる
ちょっとしたあしらい

レシピページなどにちょっとアクセントを
つけたいときに使える画像加工術です。

（元画像）

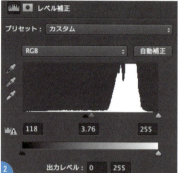

01 　調味料（コショウ）を簡易的に撮影した写真を開きます❶。［レイヤー］→［新規調整レイヤー］→［レベル補正］を選択し、［レベル補正］パネルで、左端「シャドウ」、真ん中「中間調」の▲スライダーを動かして色のくすみを取ります❷❸。

02 　さらに［レイヤー］→［新規調整レイヤー］→［特定色域の選択］を適用し❹❺、背景とコショウの粒をハッキリとした色で分け、切り抜きしやすく調整します。

03　ここで、[選択範囲]→[色域指定]を適用し❻、選択範囲を作成します❼。このときの色域の基準（スポイトする場所）は背景です。元の画像を複製しつつ、選択範囲を反転させます❽。

04　[選択範囲]→[選択範囲を調整]→[選択範囲を縮小]で[縮小量：2pixel]、[選択範囲]→[選択範囲を調整]→[境界線をぼかす]を[ぼかしの半径：1pixel]で適用し、コショウの粒を切り抜きます❾。

05　最後に[レイヤー]→[新規調整レイヤー]→[トーンカーブ]❿⓫で色味を調整し素材の完成です⓬。同様に、ケチャップなどの素材も切り抜いて、レイアウトしていくと完成です。

↓

↓

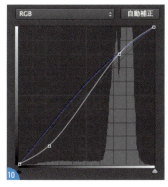 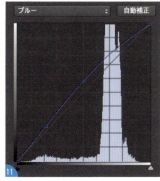

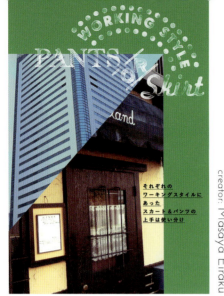

creator: Masaya Eiraku

それぞれの
ワーキングスタイルに
あった
スカート&パンツの
上手な使い分け

№ 013

黒板にチョークで描いたような文字で見出しを作る

[雲模様]フィルターで塗りムラを出し、[フィルターギャラリー]の[ストローク][エッジの光彩]を使って、チョーク風にします。

01　[文字ツール]や[楕円形ツール][ラインツール]等で元となる文字や飾りを作成します❶。文字は[レイヤー]→[ラスタライズ]でラスタライズ化しておき、レイヤーは結合しておきます。

02　次に文字や飾りを[選択範囲]→[色域指定]等で選択し、[フィルター]→[描画]→[雲模様2]を適用し、塗りにムラを出します❷。続けて[フィルター]→[フィルターギャラリー]→[ストローク（スプレー）]を適用し❸、文字をランダムに歪ませます❹。

03　ここで❹を複製し、[フィルター]→[フィルターギャラリー]→[エッジの光彩]を適用し❺、縁取り線を作成します❻。[レイヤーパネル]で[描画モード：比較（明)][不透明度：70%]にしてなじませます❼。

04　最後に[レイヤー]→[新規調整レイヤー]→[トーンカーブ]を適用し❽、コントラストを強めて完成です❾。

>> 手順01　下のレイヤーと結合するには、⌘（Ctrl）+ E のショートカットが便利です。

(2章)

Hard, Street
ハード・ストリート

№ 014

PUNKっぽい
ストリートなイメージ

フィルターのスタンプ機能を使い、2階調の画像を作成し、
PUNKブランドのイメージを制作してみましょう。

creator: Hayato Ozawa

(元画像)

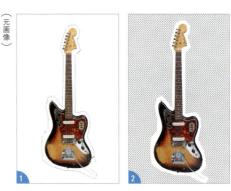

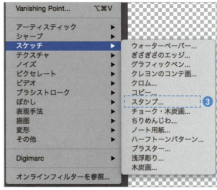

01　ギターの画像を開き、［多角形選択ツール］であえてラフに切り抜きます❶。切り抜いた画像に［フィルター］→［スケッチ］→［スタンプ］を選んで2階調にしていきます❷❸❹❺。

［フィルター］→［スケッチ］→［スタンプ］を使うときは、［描画色］をデフォルトの黒白にしておきましょう。

02 ストリート風景の写真画像を用意します❻。先ほどと同様に、［フィルター］→［スケッチ］→［スタンプ］で2階調化したら❼、こちらに先ほど制作したギターの画像を、コピー＆ペーストで貼りつけます❽。用意した他の画像にも同じ加工を施して背景の模様を作っていきます。そのまま貼りつけると平面的になってしまうので、［レイヤー］→［レイヤースタイル］→［ドロップシャドウ］を適用しましょう。バリエーションとして、階調を反転させたものも使いました。全体のイメージが完成したら、レイヤーを複製、結合して2階調化しましょう❾❿。

03 ［長方形ツール］を使い、適当な大きさの長方形を制作します⓫。最後にテキストを入れれば完成です⓬。

№ 015
文字にスタンプのような
カスレを追加する

スタンプを押したときにできるようなカスレのエフェクトを
文字に追加して、雰囲気のあるタイトルロゴを作ります。

creator: Toshiyuki Takahashi (Graphic Arts Unit)

（元画像）

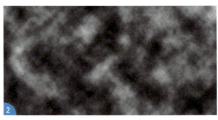

01　今回は、モノクロで作成した文字の画像を使います❶。画像のレイヤーは、あらかじめひとつに統合しておきましょう。画像のサイズによってフィルターの結果が変わるので、ここでは、高さが800ピクセル程度の画像という前提で進めます。

02　描画色を黒、背景色を白に設定し、［フィルター］→［描画］→［雲模様1］を実行します❷。続けて、［編集］→［雲模様1をフェード］を選択し❸、［描画モード：スクリーン］で実行すると、文字の内部だけ雲模様が残ります❹。

03　［フィルター］→［フィルターギャラリー］を選択し、［ブラシストローク］→［はね］を選択して、［スプレー半径：3］、［滑らかさ：5］に設定します❺。左側のプレビューを見ると、文字のエッジがラフに加工されているのがわかります。このあと、さらにエフェクトを追加するので、まだ［OK］はクリックしません。

04　［新しいエフェクトレイヤー］のボタンを押して、エフェクトレイヤーを追加します❻。一番上のエフェクトレイヤーを選択し、［スケッチ］→［ちりめんじわ］に変更します❼。設定は［密度：37］、［描画レベル：13］、［背景レベル：24］とします。全体に細かい粒が加わりました。

05 同じ手順で、新しいエフェクトレイヤーを追加します。もっとも上のエフェクトレイヤーを選択し、[変形]→[光彩拡散]に変更します。設定は［きめの度合い：10］、［光彩度：3］、［透明度：19］とします❽。これで、余白部分のディティールを弱くします。

06 同じ手順で、新しいエフェクトレイヤーを追加します。もっとも上のエフェクトレイヤーを選択して［スケッチ］→［スタンプ］に変更し、［明るさ・暗さのバランス：2］、［滑らかさ：3］に設定します❾。ディティールのコントラストが強まり、スタンプのような印象になりました❿。ここで、ようやく［OK］をクリックし、すべてのエフェクトを実行します。

07 現在は、背景が白になっているので、黒の範囲のみ切り抜きましょう。［チャンネルパネル］⓫の［チャンネルを選択範囲として読み込む］をクリックし、［選択範囲］→［選択範囲を反転］を実行します。黒い範囲だけが選択された状態になりました⓬。

08 ［レイヤー］→［新規塗りつぶしレイヤー］→［べた塗り］を選択し、［レイヤー名：カスレ文字］で［OK］をクリックします⓭。カラーピッカーが表示されたら、任意のカラーを選択して⓮、［OK］すれば完成です⓯。元のレイヤーを非表示にすれば、背景が透明になっていることが確認できます⓰⓱。

文字のカラーを変えたいときは、［レイヤーパネル］で、塗りつぶしレイヤーのレイヤーサムネール（レイヤー名の左にある小さなプレビューの枠）をダブルクリックすれば、再度カラーピッカーを開くことができます。

№ 016

ネオンサインのようなビジュアル

レイヤースタイルとフィルターを組み合わせて、
ネオンサインのようなイメージを作ってみましょう。

（元画像）

creator: Toshiyuki Takahashi (Graphic Arts Unit)

01　背景用の画像を開きます❶。[ペンツール]を選択し、[オプションバー]でツールモードを[パス]にしてから❷、ネオン管の軸になるパスを作成します❸。パスが密着する部分に少し隙間を作るようにしておけば、よりネオンサインのイメージに近くなります。作成したパスは[パスパネル]に作業用パスとして追加されています❹。

02　[ブラシツール]を選択し、[ハード円ブラシ]のブラシを選択します❺。ブラシの直径は、ネオン管の太さとしたいサイズに設定します。ここでは[18px]にしました。適切なブラシサイズは、希望する仕上がりや画像の大きさによって変わるので、適宜調整しましょう。

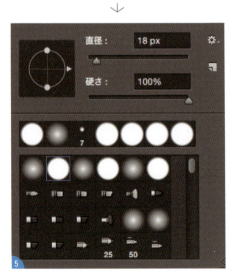

03 ［ネオン管］という名前で新しいレイヤーを追加し❻、［描画色］を白に変更したら❼、［パスパネル］の［作業用パス］を選択した状態で❽、［ブラシでパスの境界を描く］を Option （ Alt ）＋クリックし、［ツール：ブラシ］で実行します❾。パスの形に合わせて、ラインが描画されました❿。［作業用パス］の選択は解除しておきましょう。

04 ［レイヤーパネル］で［ネオン管］レイヤーを選択し⓫、［透明ピクセルをロック］をクリックします。この状態で、それぞれのラインをブラシツールで好きなカラーに塗りつぶしていきます⓬。透明ピクセルがロックされているので、ラインからカラーがはみ出すことなくきれいに塗れます⓭。

05 　着色が終わったら、[レイヤー] → [スマートオブジェクト] → [スマートオブジェクトに変換] を実行します⓮。

06 　[フィルター] → [ぼかし] → [ぼかし（ガウス）] を選択して画像をぼかします⓯⓰。ここでは［半径：30pixel］としました。レイヤーをスマートオブジェクトに変換しているので、ぼかしはスマートフィルターとして適用されています。

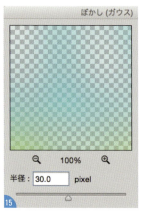 

07 　[レイヤーパネル]⓱で[スマートフィルター]下の[ぼかし（ガウス）]の右端にあるスライダーのアイコンをダブルクリックし、[描画モード：スクリーン]に変更して[OK]をクリックします⓲。元画像とぼかした画像が合成されました⓳。

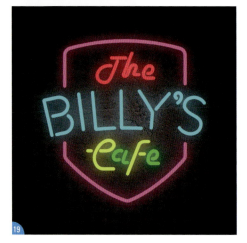

08 ［スマートフィルター］下の［ぼかし（ガウス）］を Option （ Alt ）キー＋ドラッグして、［スマートフィルター］と［ぼかし（ガウス）］の間にドロップし⑳、フィルターを複製します㉑。周囲のぼかしが強調されました㉒。このように、［ぼかし（ガウス）］フィルターを複製していくごとに、ぼかしの濃度を強くすることができます。

09 ［レイヤー］→［レイヤースタイル］→［光彩（内側）］を選択し、㉓のように設定して適用すれば完成です。ポイントは、［ソース］を［中央］にすること。こうすることで、光彩がピクセルのエッジではなく中央から追加され、ネオン管の中心が強く光っている状態を表現できます㉔。

↓

Photoshopのペンツールは基本的な機能しかないため、ネオン管の軸となるパスを作成しづらく感じる人もいるはずです。Illustratorを併用できる環境であれば、Illustrator側でネオン管のイメージを作成し、Photoshop側へベクトルスマートオブジェクトをペーストすれば、手順05までを省略できます。

creator: Toshiyuki Takahashi (Graphic Arts Unit)

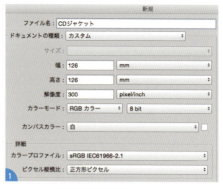

№ 017

スプレーを吹きつけたような
ステンシル文字

テンプレートの上からスプレーを吹きつけたイメージに
仕上げます。オリジナルのスプレーブラシを作りましょう。

01　CDジャケットを想定した、一辺126mm（120mm＋塗り足し6mm）の正方形で新規ドキュメントを作成します❶❷。

02　ステンシル調のフォントを使って、タイトルとなる文字を入力しましょう❸。この文字はテンプレートとして使うので、［レイヤー］→［レイヤースタイル］→［レイヤー効果］を選択して［塗りの不透明度：0％］に設定し、［クリップされたレイヤーをまとめて描画］をオフにしておきます❹。こうすることで、文字自体が表示されなくなります❺。

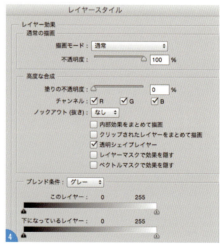

03　［ブラシツール］を選択し、［ブラシプリセットパネル］で［ソフト円］のブラシを選択します❻。［ブラシパネル］を開き、左列の項目一覧から［ブラシ先端のシェイプ］を選択して［直径：250px］、［間隔：20%］に設定します❼。

04　続けて、項目一覧の［ノイズ］、［重ね描き効果］、［滑らかさ］をチェックします❽。これで、スプレーのブラシは完成です。［新規ブラシの作成］をクリックし、［名前：スプレーブラシ1］としてプリセットに登録しておきます❾。

05　テキストレイヤーの上に、［スプレー（内部）］という名前の新規レイヤーを追加します❿。このレイヤーを選択した状態で［レイヤー］→［クリッピングマスクを作成］を実行したあと⓫、［ブラシツール］を選択し、先ほど作成した［スプレーブラシ1］のブラシを使って⓬、文字の内部をドラッグして塗りつぶしていきます。すべてをきれいに塗りつぶすのではなく⓭、部分的に塗り残しを作るほうがよりそれらしくなります⓮。

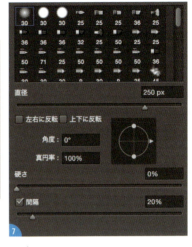

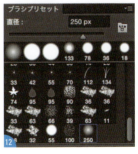

06 ［フィルター］→［シャープ］→［アンシャープマスク］を選択し、［量：200%］、［半径：5.0pixel］、［しきい値：0］で実行します⑮。スプレーのざらざらとしたノイズが強調されました⑯。

07 ［スプレー（内部）］レイヤーの上に、［スプレー（はみ出し）］という名前の新規レイヤーを追加します⑰。［ブラシプリセットパネル］でブラシの［直径］を少し小さくし⑱、ステンシルのテンプレートからはみ出したスプレーを追加していきます。はみ出しをあまり作りすぎると、全体的にうるさい印象になるので、少し控えめな感じでバランスよく追加するのがポイントです⑲。一瞬だけドラッグして広範囲にならないように、少しずつ追加しましょう。

08 さらに、インクが固まって散ったような大粒のスプレーも追加してみます。まずは、ブラシから作成しましょう。［ブラシツール］を選択し、［ブラシパネル］の［ブラシ先端のシェイプ］を選択して［直径：5px］、［硬さ：70%］、［間隔：1000%］に設定します⑳。

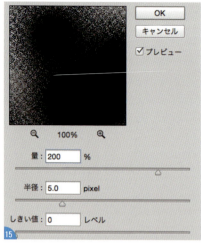

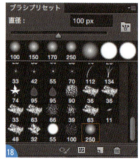

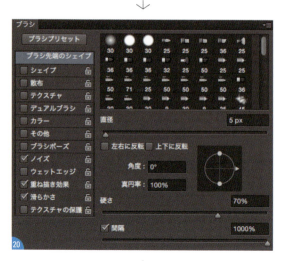

09　左列から［シェイプ］をチェックして選択し、［サイズのジッター：100％］に変更します㉑。さらに、左列から［散布］をチェックして選択し、［散布：1000％］に変更して［両軸］をチェックします㉒。左列の［ノイズ］の項目のチェックをオフに設定すれば、大粒スプレーブラシの完成です。［新規ブラシの作成］をクリックし、［名前：スプレーブラシ2］として㉓、プリセットに登録しておきます㉔。

10　［スプレー（はみ出し）］レイヤーの上に、［スプレー（大粒）］という名前の新規レイヤーを追加します㉕。スプレーのはみ出しがある位置を中心に、大粒のイメージを追加していきます㉖。ポイントは、ドラッグではなくクリックで少しずつ追加していくこと。あまり追加しすぎると不自然になるので、あくまで隠し味程度にとどめておきます。

11　背景の画像や、タイトル以外の文字などを配置すれば完成です㉗。

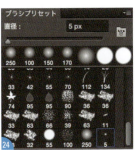

№ 018

インクのストロークを活かした
写真のあしらい

インク素材をベースに、文字がくり抜かれて
浮き出したような表現を作成してみましょう。

（元画像）

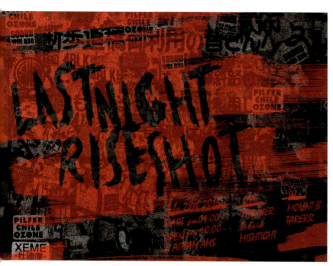

creator: Masaya Eiraku

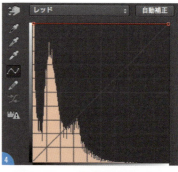

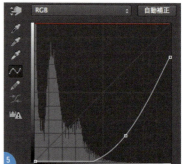

01　まず、素材となるインクのストロークを紙に、フェルトペンなどで描き、画像として取り込みます❶。

02　次に背景となる画像❷を用意し開きます。［自動選択ツール］などで切り抜いた❶を配置します❸。

03　配置した❶を選択し直し、［レイヤー］→［新規調整レイヤー］→［トーンカーブ］を適用します❹❺。［トーンカーブパネル］を［レッド］で、ラインを引き上げると素材が赤くなりました❻。

04　この素材レイヤーを［レイヤーパネル］で複製し、バランスよく配置し［レイヤーパネル］の［描画モード：リニアライト］にして背景の完成です❼。

05　次にタイトル文字を入力し、［レイヤーパネル］のテキストレイヤーを選択し、［レイヤー］→［ラスタライズ］→［テキスト］を選択します❽。

06　文字が繰り抜かれるように、選択範囲を作成し、さらにできた選択範囲で、［レイヤー］→［レイヤーマスク］→［選択範囲をマスク］で新規レイヤーマスクを作成し、インク素材に適用します❾❿⓫。

07　このままでは少し読みづらいので元のタイトル文字素材を、［レイヤーパネル］の［描画モード：乗算］［不透明度：50％］で重ねます⓬。他の文字情報もレイアウトしつつ、バランスをとって完成です⓭。

≫ 手順01　フリー素材として、Photoshopのブラシはいろいろ出回っています。「photoshop ブラシ」等で検索してみましょう。

≫ 手順06　読みやすくするため元の文字データを❿に重ね、その上で［不透明度：50％］、［描画モード：乗算］にし、少し文字の部分だけ暗くしています。トーンカーブでも代用可です。

creator: Masaya Eiraku

(元画像)

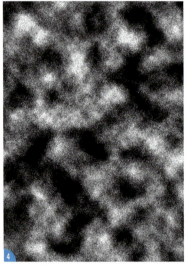

№ 019

インクがにじんだような
表現のサイトロゴ

ロゴ文字に、[雲模様] フィルターや
[粒状] フィルターギャラリーを適用します。

01　元のロゴを用意します❶。さらに [レイヤー] → [新規] → [レイヤー] で新規レイヤーを作成したら、[塗りつぶしツール] で白く塗りつぶします。[フィルター] → [描画] → [雲模様] ❷、さらに、[フィルターギャラリー] → [粒状] を適用し❸、粗いまだら模様を作成します❹。

02　ロゴレイヤーを選択したら、ロゴの選択範囲を作成します。まだら模様のレイヤーは非表示にしておくとやりやすいです。選択範囲ができたら、まだら模様のレイヤーを選択し、[レイヤーパネル] 下部の [レイヤーマスクを追加] を押します❺。

03 次に、[レイヤー] → [新規調整レイヤー] → [トーンカーブ] ⑥で、ラインを動かし、コントラストを強くします⑦。次にレイヤーを統合、複製し、[フィルター] → [ぼかし] → [ぼかし（ガウス）] で [半径：1.0pixel] を適用します⑧。

04 さらに、元画像⑦を複製し、それを一番上にレイヤーの順番を変えたら、[フィルター] → [ぼかし] → [ぼかし（ガウス）] を [半径：3.0pixel] で適用し⑨、[レイヤーパネル] で [描画モード：乗算] に変更します⑨。最後に [レイヤー] → [新規調整レイヤー] → [トーンカーブ] で⑩、全体を濃くして完成です⑪。

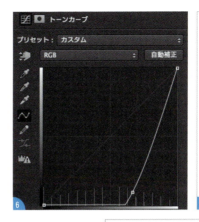

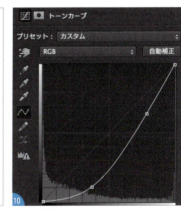

№ 020

スプレーを吹きつけたような
テクスチャ

ハードテイストで多用される、
スプレーを吹きつけたような表現を作ってみましょう。

creator: Masaya Eiraku

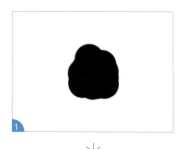

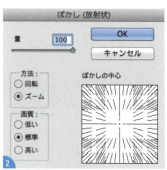

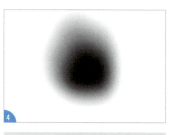

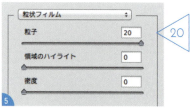

01　新規ファイルを作成します。［ファイル］→［新規］で、［幅：105pixel］［高さ：105pixel］［解像度：300pixel/inch］［カンバスカラー：透明］の新規レイヤーを作成し、［ブラシツール］でやや歪んだ円を描きます❶。

02　次に、［フィルター］→［ぼかし］→［放射状：ズーム］を適用してぼかします❷❸。このとき、キャンバスを正方形にしつつ、ぼかすオブジェクトを中心に置かないときれいにボケないので注意してください。

03　さらに、［フィルター］→［ぼかし］→［ガウス］、［半径：20pixel］でぼかします❹。次に、レイヤーを複製し、［フィルターギャラリー］→［粒状］を適用して❺、ざらついた質感にします❻。

04 ここで、元の❹を上に重ね❼、大きさを調整します❽。さらに、［レイヤー］→［新規調整レイヤー］→［トーンカーブ］❾を適用し❿、［鉛筆ツール］などでインクの垂れた部分を描けば完成です⓫。

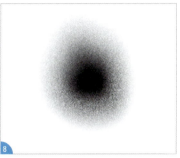

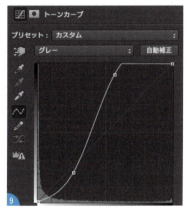

creator: Masaya Eiraku　client: インダハウス/P.O.P

（元画像）

№ 021

ライブ写真の色を変更して作る、クールなイメージのフライヤー背景

レイヤーの描画モードを変えることで
雰囲気のあるイメージを作りましょう。

01　［ファイル］→［新規］で、［幅：148.5pixel］［高さ：210pixel］［解像度：300pixel/inch］の新規ファイルを作成します。素材写真❶を開き、⌘（Ctrl）+ A ですべてを選択したら、⌘（Ctrl）+ C でコピーし、新規ファイル上で⌘（Ctrl）+ V でペーストします。同様に❷❸を配置します。［移動ツール］で縦に少し重なるように配置します❹。

02　次にそれぞれの［レイヤーパネル］で［描画モード：ハードライト］に変更します❺。

03 ［レイヤー］→［新規調整レイヤー］→
［トーンカーブ］を選択し、［トーンカーブパネル］でラインを持ち上げ、画像を明るく調整します❻❼。

04 ［レイヤー］→［新規調整レイヤー］→
［トーンカーブ］を選択し、［トーンカーブパネル］で［グリーン］［レッド］［RGB］の値を調整します❽❾❿。ハイライトの青みを抑えつつ、コントラストを強くして⓫、文字を載せれば完成です。

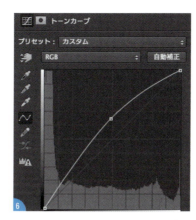

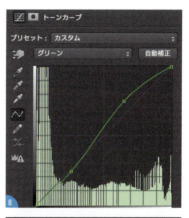
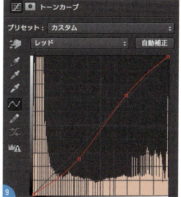
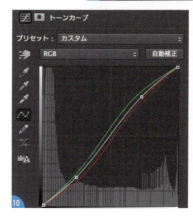

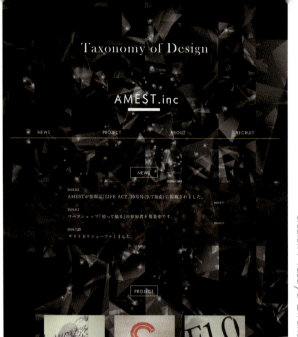

creator: Masaya Eiraku

№ 022

ガラスの割れたようなブラシで作る、クールハードなイメージ

グラデーションツールで板状のオブジェクトを作り、ブラシとして登録して使います。

（元画像）

01　［ファイル］→［新規］で、［幅：2079pixel］［高さ：1748pixel］［解像度：300pixel/inch］の新規ファイルを作成します。［長方形選択ツール］で、❶のような長方形の選択範囲を作成します。［グラデーションツール］を選び、オプションバー上のグラデーションサンプルをクリックすると、［グラデーションエディター］が開くので、新規グラデーションを作成します❷❸。

02　［長方形選択ツール］で作成した長方形の範囲で、［レイヤー］→［新規塗りつぶしレイヤー］→［グラデーション］を選択し❹、グラデーションの平面を作成します。

03　作成した❹を、［編集］→［変形］→［自由な形に］によってパースをつけるように変形させます❺❻。作成した❻を［Option］（［Alt］）＋［Shift］（［Shift］）＋［ドラッグ］で、90度下に複製しながら、ずらします❼❽。

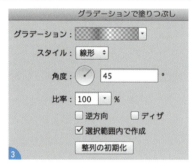

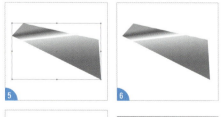

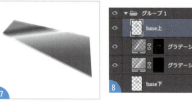

04 次に、2つの平面の間を埋めるように選択範囲を作成し❾、［レイヤー］→［新規塗りつぶしレイヤー］→［グラデーション］で新たなグラデーションの平面を作成します❿⓫⓬。

05 同様にして、側面を作るイメージで左奥の面も作成します⓭。できあがった板状のオブジェクトを［レイヤーパネル］でグループ化し、複製したり、［編集］→［変形］→［自由な形に］を適用させたり、を繰り返し増やします⓮。［編集］→［変形］→［回転］で角度も変えたりしながらバランスをとったあと、できあがったものを［編集］→［ブラシを定義］で新規ブラシとして登録します。

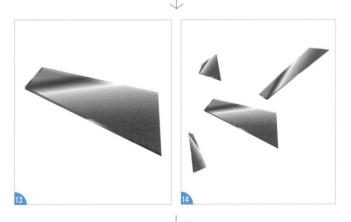

06 さらに、[ブラシパネル]のブラシプリセットで⑮⑯⑰のようにランダムにちりばめられた雰囲気になるよう調整します。

07 ここで、[レイヤー]→[新規塗りつぶしレイヤー]→[べた塗り（黒）]とし、先ほど作成したブラシで塗っていきます⑱。次に、ブラシを[不透明度：30％][モード：スクリーン]として重ねていきます⑲。

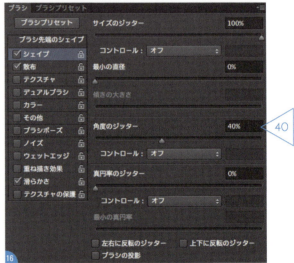

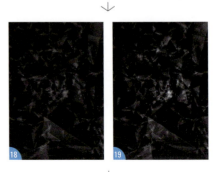

08 さらに［レイヤー］→［新規］→［レイヤー］で新規透明レイヤーを作成し、ブラシ［直径：33pixel］のプリセットを㉑㉒のように設定し塗っていきます㉓。

09 ここで、すべてのレイヤーを結合し、［表示］→［ガイド］→［ガイドレイアウト］（Photoshop CC 2014以降）で、レイアウトを作成㉔、画像を縦に8等分したガイドを引きます㉕。このガイドによって、簡単に正確が選択範囲を作成することができます。［長方形選択ツール］で8等分したうちのひとつを選択し㉖、上にずらします㉗。同様に他の7つのエリアも上下にずらし完成です㉘。

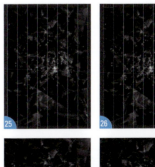

>> 手順08　ブラシ［星形］は、ツールオプションバーのブラシサンプル部分をクリックして現れるリストから選択できます。

№ 023

メタリックな質感の
ゲームのロゴ

グラデーションをかけたロゴに、[ベベルとエンボス]、
[ファイバー]などのフィルターを適用して雰囲気を出します。

creator: Masaya Eiraku

（元画像）

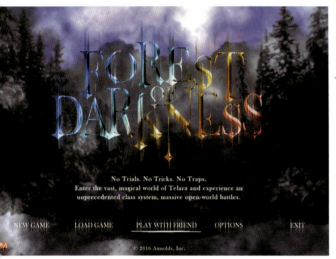

↓

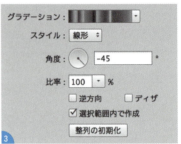

01　ロゴを用意して❶選択範囲を作成し、[レイヤー]→[新規塗りつぶしレイヤー]→[グラデーション]❷❸で、シルバーの光沢のような質感を作成します❹。

02　さらに、[レイヤー]→[レイヤースタイル]→[ベベルとエンボス]を適用し❺、立体感をプラスします❻。

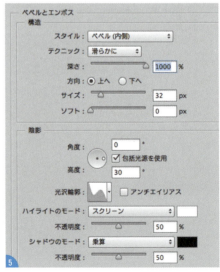

↘

03 ❺を複製し、[ベベルとエンボス] のプロパティ「光沢輪郭」のみを変更します。[レイヤーパネル] で [描画モード：オーバーレイ] として重ね、重厚感をプラスします❼❽。

04 次に、元のロゴで選択範囲を作成した状態で、[レイヤー]→[新規調整レイヤー]→[グラデーション] で❾❿⓫⓬⓭⓮⓯⓰の6色を使用して作成します。

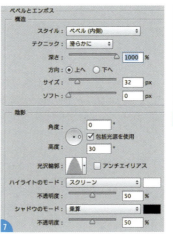

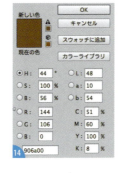

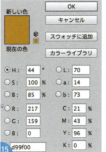

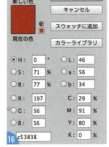

05 できあがったグラデーションのロゴを、[レイヤーパネル]の[描画モード：オーバーレイで重ねます⓱。次に[レイヤー]→[新規]→[レイヤー]（白色）を作成し、元のロゴで選択範囲を作成した状態で、[フィルター]→[描画]→[ファイバー]⓲を適用します⓳。

06 [レイヤーパネル]で[描画モード：オーバーレイ]にして重ね、より細かい質感を表現します⓴。最後に[レイヤー]→[新規調整レイヤー]→[トーンカーブ]㉑でカーブを引き下げ、コントラストを調整して完成です㉒。

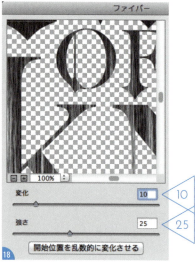

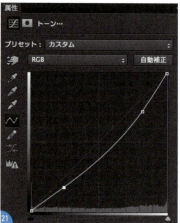

>> 手順01　ロゴを制作するには、[横書き文字ツール]で文字を入力し、[レイヤー]→[ラスタライズ]→[テキスト]でフォントを図形として扱います。さらに文字を選択系ツールで選択し[編集]→[変形]→[自由な形に]等で変形します。なお、Photoshopでロゴを作る場合は、仕上がりサイズを考えて解像度を高めに作成しておかないと、ジャギが出やすくなります。印刷で使用する場合は特に注意が必要です。
[レイヤー]→[新規塗りつぶしレイヤー]→[グラデーション]で、グラデーションサンプル右脇の▼をクリックして現れるグラデーションメニューで、[メタル]を選んでも似た効果が得られます。

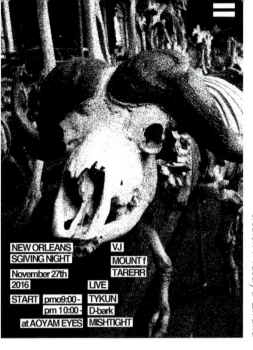

№ 024
粒子の粗い、力強い写真に変える

普通の写真を、粒子の粗いモノクロ写真にして、
力強く印象的に変えてみましょう。

01 元写真❶を開きます。［フィルターギャラリー］→［テクスチャ］
　　→［粒状］を選び、［密度：58］［コントラスト：47］を適用し
　　❷、写真を粗くします❸。

（元画像）

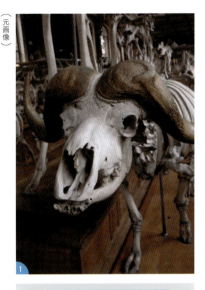

02 さらに、[レイヤー]→[新規調整レイヤー]→[白黒]を選択し、モノクロ写真にします。このとき、写真の色味によって、各色のパラメーターを調整することによってコントラストのハッキリした白黒写真に変換することができます❹❺。

03 最後に[レイヤー]→[新規調整レイヤー]→[トーンカーブ]を適用して❻、カーブの山を引き上げ、コントラストを強めます❼。文字要素を配置して、完成です。

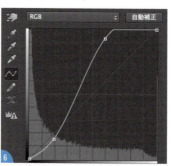

(3章)

Business
ビジネス

№ 025

ドットで構成する世界地図

ドットで構成する、スタイリッシュな世界地図を作ってみます。
グリッドパターンでドットを仕切るのがポイントです。

（元画像）

creator: Toshiyuki Takahashi (Graphic Arts Unit)

01　世界地図の画像を開きます。画像はモノクロの状態で、レイヤーは統合しています❶。今回は、幅2500pixel、高さ1500pixelの画像を使用します。［フィルター］→［ピクセレート］→［モザイク］を選択し、［セルの大きさ：20平方ピクセル］で実行します❷❸。

02　モザイクフィルターによって、地図の境界にグレーのセルができています。今回は、白か黒の2色のみで仕上げたいので、このグレー部分を白黒に変換しましょう。［イメージ］→［色調補正］→［2階調化］を選択し、スライダーを左右に移動させると、レベルに応じてグレーが白黒に変換されます。ちょうどいいところで［OK］をクリックします❹。地図が完全なモノクロになりました❺。

03 ［レイヤーパネル］の［塗りつぶしまたは調整レイヤーを新規作成］から、［べた塗り］を選択します❻。カラーピッカーで、任意の色を選択します。今回は［R：200、G：205、B：210］としました。［OK］をクリックし❼❽、追加されたべた塗りレイヤーを選択して［描画モード：スクリーン］に変更すると❾、地図が選択した色で着色されます❿。

04 最初の手順で実行したモザイクフィルターのセルと同じ大きさで、新規ドキュメントを作成します。今回は幅、高さともに20 pixelです⓫⓬。すべてを選択し、［編集］→［境界を描く］を選択、［幅：1pixel］、［カラー：黒］、［位置：内側］で実行します⓭。カンバスの周囲が黒い罫線で囲まれました⓮。

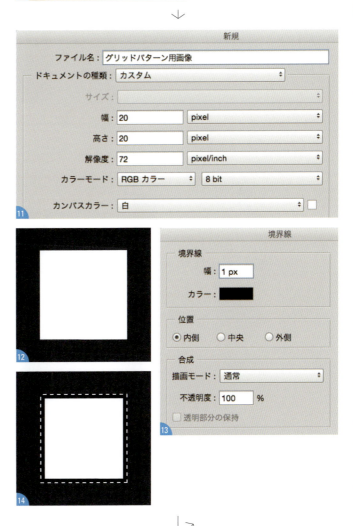

05　⌘（Ctrl）+ I キーで、白黒を反転し❶、［編集］→［パターン定義］を選択します。［パターン名：グリッドパターン］で実行します❶。パターンの定義が終わったら、このドキュメントはもう使わないので、保存せずに閉じてもかまいません。

06　地図のドキュメントに戻り、［レイヤーパネル］の［塗りつぶしまたは調整レイヤーを新規作成］から、［パターン］を選択します❶。パターンピッカーで、先ほど定義した［グリッドパターン］を選択して［OK］をクリックします❶ ❶。レイヤー全体がグリッドで塗りつぶされました❷。

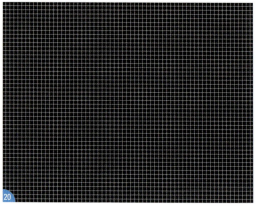

07 レイヤーを［描画モード：スクリーン］にします㉑㉒。地図のドットが格子で区切られたようなイメージになりました。このまま完成としてもいいですが、ドット同士の間隔を調整する方法も覚えておきましょう。

08 パターンの塗りつぶしレイヤーをスマートオブジェクトに変更し㉓、［フィルター］→［その他］→［明るさの最大値］を選択します㉔。［半径］の数値を大きくすることで、グリッドの太さが変化し、ドット同士の間隔も調整できます。バージョンによっては［保持］の値を選択できますが、ここでは［直角度］にしておきます。希望の間隔になったら［OK］をクリックします㉕。文字要素を配置して完成です㉖。

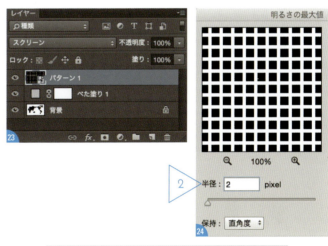

ONE POINT technique

べた塗りレイヤーのレイヤーサムネールをダブルクリックし、カラーピッカーで色を変更すれば、地図のカラーは自由に変更可能です。また、べた塗りレイヤーの代わりにグラデーションレイヤーを挿入することで、地図全体をグラデーションで着色もできます。

№ 026
ヘアラインステンレスのテクスチャ

意外と使うことの多いステンレスのテクスチャ。
フィルターを使ってゼロから作る方法を知っておくと便利です。

creator: Toshiyuki Takahashi (Graphic Arts Unit)

01 ［幅：150mm］、［高さ：120mm］、［解像度：300pixel/inch］で新規ドキュメントを作成し❶❷、［レイヤーパネル］で［背景］をダブルクリックしてレイヤーに変換します❸❹。［編集］→［塗りつぶし］を選択し［内容：50%グレー］で全面を塗りつぶします❺❻。

02 ［フィルター］→［ノイズ］→［ノイズを加える］を選択し、［量：300%］、［分布方法：均等に分布］に設定❼❽、［グレースケールノイズ］をチェックして実行したあと、［フィルター］→［その他］→［スクロール］を選択し、［水平方向］のスライダーを右端までスライドさせて、［未定義領域：端のピクセルを繰り返して埋める］で実行しましょう❾。ノイズが右方向へ伸びて、細かい横縞になりました❿。

03 ［フィルター］→［表現手法］→［エンボス］を選択し、［角度：120°］、［深さ：1pixel］、［量：30%］で実行します⓫。横縞に軽く凹凸がついて、ヘアラインステンレスのイメージに近くなりました⓬。

04 ［レイヤー］→［レイヤースタイル］→［グラデーションオーバーレイ］を選択し、グラデーションを［黒、白］に変更して、［逆方向］をチェックします。さらに、［描画モード：覆い焼きカラー］、［不透明度：50%］、［スタイル：反射］、［角度：120°］に設定します⓭。プレビューを確認すると、光沢が加わっています⓮。すべての設定が終わったら［OK］をクリックします。

05 最後に、［レイヤー］→［ラスタライズ］→［レイヤースタイル］を実行すれば完成です⓯。文字の内部にテクスチャとして使ったり、背景に敷くなどして利用しましょう⓰。

レイヤースタイルのラスタライズをする前に、［グラデーションオーバーレイ］のダイアログを開いた状態で画像をドラッグすると、ステンレスの光沢の位置を調整できます。また、［比率］の値を変更することで、光沢の大きさも調整可能です。

№ 027

都市の写真を
クールな印象に変える

[トーンカーブ]と[色相・彩度]で
写真の印象をクールに変更してみましょう。

(元画像)

↓

creator: Masaya Eiraku

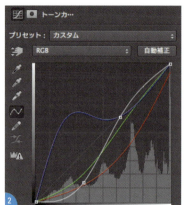

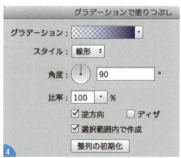

01　元写真❶を開きます。[レイヤー]→[新規調整レイヤー]→[トーンカーブ]❷を選び、[RGB][ブルー][レッド][グリーン]を調整して❸、赤みを取り除きつつ、青みを強調します。

02　[レイヤー]→[新規塗りつぶしレイヤー]→[グラデーション]を選択し、[グラデーションで塗りつぶし]パネルで❹、グラデーションサンプル部分をクリックすると、[グラデーションエディター]❺が開きます。

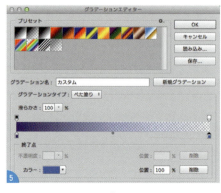

↘

開始点のカラーを ❻、終了点を ❼ にし、画面上から下へのグラデーションを敷きます ❽。

03 ［レイヤーパネル］で先ほど適用したグラデーションレイヤーを［描画モード：差の絶対値］に変更します ❾。

04 次に［レイヤー］→［新規調整レイヤー］→［色相・彩度］を選び、［色相・彩度パネル］で全体の彩度を下げます ❿ ⓫。最後に［レイヤー］→［新規調整レイヤー］→［トーンカーブ］で、ややコントラストを強めます ⓬ ⓭。文字を載せて完成です。

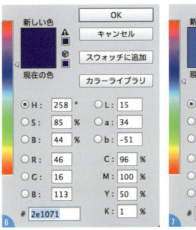
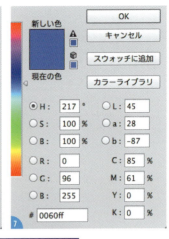

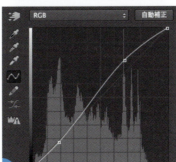

№ 028

通信会社をイメージした
立体感のあるロゴ

レイヤースタイルの［ベベルとエンボス］を使って立体感を出します。

creator: Masaya Eiraku

01　ベースとなるロゴ❶を読み込みます。読み込む際に、パーツごとに読み込むと後々作業がはかどります❷❸❹❺。

02　まず、グレーのパーツを選択し、［レイヤー］→［レイヤースタイル］→［ベベルとエンボス］❻を適用し、少し厚みをもたせます❼。同様のレイヤースタイルを、赤いパーツにも適用します❽。

（元画像）

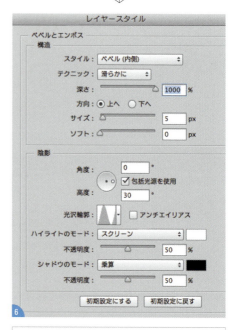

03 次に、赤いパーツを選択し、［レイヤー］→［レイヤースタイル］→［グラデーションオーバーレイ］ ❾ を適用し、赤い部分に光沢をプラスします ❿。同様に、もうひとつの赤いパーツにも適用します ⓫。

04 最後に黒い部分にも［レイヤー］→［レイヤースタイル］→［グラデーションオーバーレイ］ ⓬ ⓭ を適用させ、少し光沢を出してロゴの完成です ⓮。

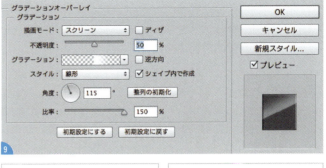

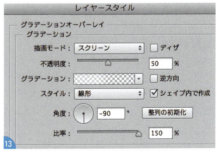

>> 手順01　ロゴを作る場合は［横書き文字ツール］で1文字ずつ入力して確定してレイヤーを分け、それぞれのレイヤーメニューで［テキストをラスタライズ］します。個々の文字を変形させるには、文字を選択したら、［パスパネル］下部の［選択範囲から作業用パスを作成］を選択すると、文字のパスが作成されます。［パスコンポーネント選択ツール］でパス上をクリックすると、パスの［方向線］［方向ハンドル］［アンカーポイント］が現れますので、ドラッグで調整できます。

>> 手順02　［レイヤースタイル］は、［レイヤー］→［レイヤースタイル］→［レイヤースタイルをコピー／ペースト］で同様のスタイルを適用させることができます。

地域を支える
ココロある医療
をめざして

医療法人社団 医誠会
湘陽かしわ台病院
SHOYO KASHIWADAI HOSPITAL

地域医療連携室の
ご案内

creator: Masaya Eiraku　photographer: 後藤武浩　client: 湘陽かしわ台病院

（元画像）❶

❷

❸

❹

№ 029

パンフレット仕様にするために
青空を追加する

元画像の空を青空にし、また、
文字を入れられるよう上に伸ばします。

01　元画像❶を、仕上がりの印刷サイズ、判型に合わせてレイアウトします。［新規］→［ファイル］で［サイズ：A4］［解像度：300dpi］とします。次に、［ファイル］→［配置］で、元画像を貼りつけます❷。今回は仕上がりA4のパンフレットの表紙にしようと思うのでこのままだと画像が足りません。そこで、空をシンプルで爽やかな印象にしながら延ばしていきたいと思います。
　まず［自動選択ツール］や、［多角形選択ツール］などで、建物のみを選択します❸。自然な切り抜きにするには、一度建物の境界線で選択範囲を作成したあと、［選択範囲］→［選択範囲を変更］→［選択範囲を縮小］で［縮小量：1pixel］にし、［選択範囲］→［選択範囲を変更］→［境界線をぼかす］で［ぼかしの半径：1pixel］とします。選択範囲を建物に食い込ませつつ、境界線をぼかすことで自然な印象の切り抜きにすることができます。⌘（Ctrl）+ C でコピー、⌘（Ctrl）+ V でペーストして、建物のみのレイヤーを作ります❹。

02 次に［レイヤー］→［新規塗りつぶしレイヤー］→［べた塗り］で水色のベタ面を作成します❺。水色のレイヤーを建物レイヤーの下層に移動します❻。

03 さらに今度は建物レイヤーの上に、［レイヤー］→［新規塗りつぶしレイヤー］→［べた塗り］で、先ほどの水色より少し濃い色でベタ面レイヤーを作成します❼。さらに、［レイヤーパネル］下部［ベクトルマスク］ボタンを押します。大きめの［ソフト円ブラシ］で、画面下部をなぞると、下の建物が出てきます。❽で画角上から建物の際くらいまでグラデーションになるようマスクを適用します。これによって、自然なグラデーションの空が作成できます❾。文字を載せて完成です。

>> 手順01　自然な印象の切り抜き方法は他にもありますが、このような建物の場合は、選択範囲を境界線よりやや食い込ませ、その境界線をぼかす方法が有効です。

№ 030

フラットで今っぽい
アプリアイコン

［ベベルとエンボス］を使って、
今っぽいアイコンを作ってみましょう。

creator: Masaya Eiraku

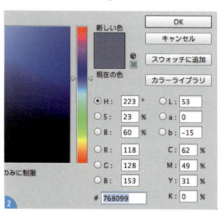

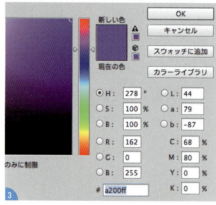

01 ［ファイル］→［新規］で、［幅：1748pixel］［高さ：1240pixel］［解像度：300pixel/inch］の新規ファイルを作成します。［レイヤー］→［新規］→［レイヤー］で新規透明レイヤーを作成し、［角丸長方形ツール］を選んだら、Shift を押しながらドラッグして、角丸正方形の新規ライブシェイプを作成します❶。

02 ライブシェイプの塗りに［グラデーション］❷❸❹を適用し、塗りつぶします❺。

03　ここで［ペンツール］ツールオプション
　　バーで［ピクセル］（CS5以前は［塗り
　　つぶした領域を作成］）を選んで図形を
　　描き、パーツごとに別レイヤーにして「F」
　　の文字風にします❻。［レイヤーパネル］
　　メニューで、［レイヤーをラスタライズ］
　　を選びます。

04　ひとつのパーツで選択範囲を作成し❼、
　　❺を⌘（Ctrl）＋Jで同じ位置に
　　コピー＆ペーストします❽。

05　さらに［レイヤー］→［レイヤースタイ
　　ル］→［ベベルとエンボス］❾を適用し
　　立体にします❿。同様に他のパーツでも
　　背景と同色の立体パーツを作成してい
　　きます。重なっている部分は、選択範囲を
　　掛け合わせることで、重なっていない部
　　分のみの選択範囲を作成し⓫⓬、レイ
　　ヤースタイルを適用します⓭。

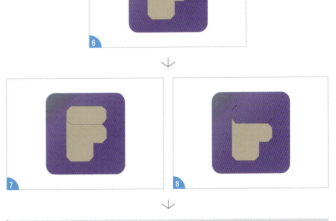

06 次に、立体パーツを統合し、［フィルター］→［フィルターギャラリー］→［カットアウト］⓮を適用し、立体部分をシンプルな色構成にし、フラットな印象にします⓯。最後に⓰のような斜めの選択範囲を作成し、［レイヤー］→［新規調整レイヤー］→［トーンカーブ］を選び適用します⓱。角丸正方形でクリッピングマスクを適用することで、フラットなシャドウを作成し完成です⓲。

ONE POINT technique

>> 手順01　ライブシェイプはPhotoshopCC以降の機能です。旧バージョンではベクトルマスクで代用できます。

>> 手順02　CC以前のバージョンの場合は、角丸正方形を作成したら［レイヤー］→［レイヤースタイル］→［グラデーションオーバーレイ］を選択し、グラデーションを作成します。

>> 手順04　ショートカット⌘（Ctrl）+Jでは、選択しているレイヤーを、上のレイヤーに作成することができます。選択範囲のコピーを同じ位置に作成することができ、便利です。

>> 手順05　レイヤースタイルはオプションパネルからコピー、ペーストできます。選択範囲は［レイヤーパネル］でひとつを⌘（Ctrl）+クリックで作成したあと、重なっているレイヤーを⌘（Ctrl）+Option（Alt）+Shift+クリックすることで作成することができます。

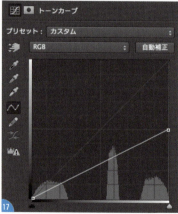

(4章)

Creative
クリエイティブ

creator: Masaya Eiraku

№ 031

インクで書いたような
ファッション系雑誌の見出しデザイン

パスにブラシを適用することで、
アナログ感のあるあしらいを追加します。

01　[文字ツール]で文字を入力し❶、[レイヤー] → [テキスト] → [シェイプに変換]のようなパスを用意します。[パスコンポーネント選択ツール]で文字をクリックし、パスを表示します。文字は太さに強弱をつけ、筆の流れを意識するのがポイントです。

02　次に、❶を選択した状態で、[ブラシツール]を選び、ブラシプリセットで「楕円（ハード）35」を選択します❷。さらに設定を調整し少し、ランダムに歪みのあるブラシを作成します❸❹❺。

03　[レイヤー] → [新規]で新規透明レイヤーを作成します。[パスパネル]を開き、先ほど作成したパスを選択し、パスパネル下の[ブラシでパスパネルの境界線を描く]ボタンをクリックします❻。

（元画像）

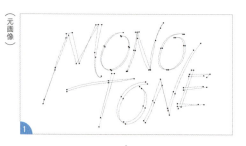

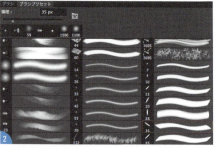

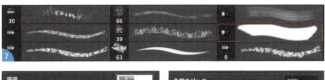

04　同様にブラシプリセット［平筆（アングル）短毛 中硬毛］ ⑦、設定 ⑧ ⑨ で ⑩ ブラシプリセット「平筆（カーブ）低密度」 ⑪、設定 ⑫ で ⑬ と3種類の文字を作成し、重ねます ⑭。

05　さらに、ブラシ［エアブラシ］ ⑮ のストロークに沿って、インクの飛び散りを描いていきます ⑯。最後に［レイヤー］→［新レイヤースタイル］→［ベベルとエンボス］で ⑰、インクの光沢を表現して完成です ⑱。

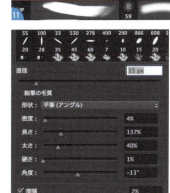

>> 手順 01　このフォントは自作フォントですが、フリーフォントでは、「Da Streets」http://www.dafont.com/da-streets.font　が近いです。

>> 手順 03　上記の方法で、Photoshopのパスにブラシを適用することができます。［ペンツール］でオプションバー［パス］を選んで描いたラインにも適用することができます。

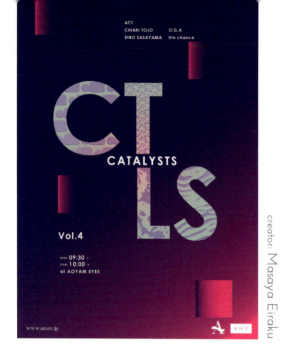

№ 032

最新技術系イベントの
ロゴデザイン

Photoshopにあらかじめ入っているパターンや
フィルターギャラリーで、おもしろい効果を出してみましょう。

01　ベースとなる文字を用意します❶。次に、1文字を選択した状態
　　で［レイヤー］→［新規塗りつぶしレイヤー］→［パターン］❷
　　の［網目（幅広）］を適用します❸。

02　さらに、［フィルター］→［フィルターギャラリー］→［プラスター］
　　❹を適用し液体のような質感の柄を作成します❺。この際に、描
　　画色、背景色を❻のようにグレーと紫で設定しておきます。この
　　色の設定次第で効果は違ってきます。

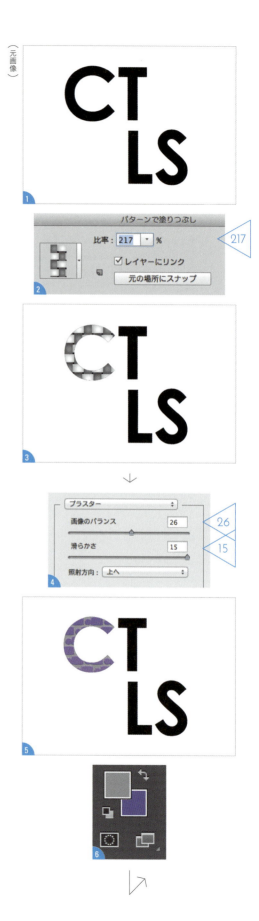

03 同様に、プリセットであらかじめPhotoshopに入っているパターンを選びながら、他の文字も同様の処理を行います❼。

04 次にすべての文字で選択範囲を作成し、［レイヤー］→［新規調整レイヤー］→［グラデーション］❽❾を適用しグラデーションで塗りつぶします❿。最後に［レイヤーパネル］の［描画モード：スクリーン］に変更して完成です⓫。

↓

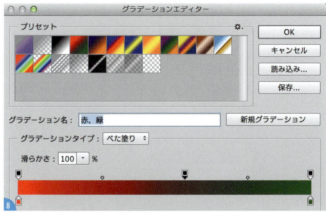

№ 033

霧をプラスして
写真をクールな印象に

［雲模様］フィルターを適用し、
レイヤーを［スクリーン］で重ねます。

creator: Masaya Eiraku

（元画像）

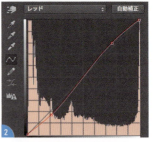

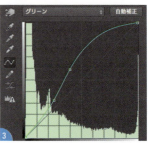

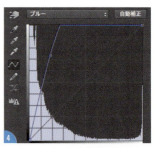

01　元画像❶に［レイヤー］→［新規調整レイヤー］→［トーンカーブ］❷❸❹❺を適用して画像を青紫っぽくし、少し全体を暗くします❻。

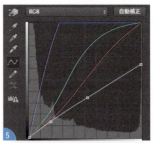

02 ［レイヤー］→［新規］→［レイヤー］で新規レイヤーを作成し、［塗りつぶしツール］を選び、［描画色：ブラック］で塗りつぶします❼。

03 さらに、［フィルター］→［描画］→［雲模様2］を適用します❽。できた❽の一部分を、［長方形選択ツール］で選択し❾、⌘（Ctrl）+ C、⌘（Ctrl）+ V でコピーペーストします。⌘（Ctrl）+ T で自由に変形できますので、画面いっぱいまで引き延ばします❿。

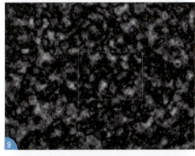

04 ［レイヤーパネル］で、初めに作成した雲模様のレイヤーは、目のマークの［レイヤーの表示／非表示］ボタンを押して非表示にしてから、最後に作った雲模様のレイヤーを、［描画モード：スクリーン］に変更します⓫。

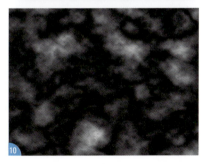

05 さらに［レイヤーパネル］下部の［レイヤーマスクを追加］ボタンを押します。［ブラシツール］で大きめサイズのソフト円ブラシを使って、画面の余分な部分をなぞって消していきます❶❷❸。

06 次に、［レイヤー］→［新規調整レイヤー］→［トーンカーブ］❹で、S字カーブを作り、コントラストを強めます❺。

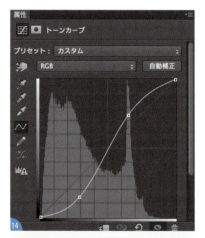

07 最後に［レイヤー］→［新規調整レイヤー］→［レンズフィルター］⓰⓱を適用し、ハイライト部分の色味にオレンジ系をプラスして完成です⓲。

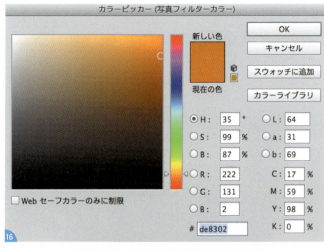

>> 手順03 フィルターの［雲模様］を適用した際、⌘（Ctrl）+ F を押すと違う雲模様が適用されますので、思うような模様になるまで何度か繰り返してみましょう。

№ 034

ブラウン管が歪んだような
デジタルなタイトルロゴ

テキストを分割して歪ませたり、3色に変化させてずらしたりして、
ブラウン管をイメージさせるイメージを作ります。

creator: Masaya Eiraku

（元画像）

01　ベースとなる文字を作成します❶。［横書き文字ツール］で入力したら、［レイヤー］→［ラスタライズ］→［テキスト］を適用します。［長方形選択ツール］で上部を囲い、［編集］→［カット］、［編集］→［ペースト］を適用します。同様に3分割します❷。

02　さらに真ん中のオブジェクトのレイヤーで、［編集］→［自由変形］を適用し、上下に伸ばします❸❹。

03 ここで［フィルター］→［変形］→［波形］❺で歪ませます❻。
［レイヤー］メニューで［レイヤーを結合］し、さらに［フィルター］→［変形］→［波紋］を適用し❼、全体に細かい歪みを作成します❽。作成した❽で選択範囲を作成し、［レイヤー］→［新規塗りつぶしレイヤー］→［べた塗り］で、黄色、ピンク、水色の3つの文字を作成します❾ ❿ ⓫。

04 さらにそれぞれを［レイヤーパネル］の［描画モード：乗算］で左右に少しずつ位置をずらしながら重ねます⓬。

05 次に、［レイヤーパネル］下部の［塗りつぶしまたは調整レイヤーを新規作成］ボタンを押し、［べた塗り］で白ベタの新規レイヤーを作成します。このレイヤーを ⌘＋クリックまたは、右クリックで、［レイヤーをラスタライズ］を選択してから、［フィルターギャラリー］→［ハーフトーンパターン］を選びます。［パターンタイプ：線］⓭を適用します。これを、［レイヤーパネル］の［描画モード：焼きこみ（リニア）］で重ねます⓮。

06 最後に、［レイヤー］→［新規調整レイヤー］→［露光量］⓯を適用し、［色調補正パネル］で［露光量］スライダーを動かし、ホワイト部分を明るくして完成です⓰。

№ 035

フラットなのに立体的な3Dテキスト

陰影が強調されたリアルな3Dではなく、フラットで
スッキリした印象の3Dテキストを作成してみましょう。

creator: Toshiyuki Takahashi (Graphic Arts Unit)

01　まずは文字の作成から。背景が［R 200、G 230、B 80］で塗りつぶされた新規ドキュメントを用意します❶。そこに、［横書き文字ツール］を使って希望の文字を入力しましょう。文字のカラーは［R 130、G 150、B 160］としました❷。

02　［レイヤー］→［スマートオブジェクト］→［スマートオブジェクトに変換］を実行して、テキストレイヤーをスマートオブジェクトに変更しておきます。レイヤー名は［文字］に変更しておきましょう。このレイヤーを選択しておきます❸。

03　次に、立体化の手順を自動化するためのアクションを作ります。［アクションパネル］を開き、［新規セットを作成］をクリックして❹、［MyAction］という名前のアクションセットを作成します❺。続けて、［文字］レイヤーを選択した状態で［新規アクションを作成］をクリックし❻、［アクション名：立体感追加］、［セット：MyAction］にして［記録］をクリックします❼。

04 ここからの操作はアクションとして記録されていきます。［レイヤー］→［新規］→［選択範囲をコピーしたレイヤー］を実行し、［文字］レイヤーを複製します❽。［アクションパネル］の［立体感追加］の項目の下に［選択範囲をコピーしたレイヤー］のアクションが追加されました❾。

05 ［編集］→［自由変形］を選択し、［表示］→［100%］を実行してから、キーボードの右と下の矢印キーを1回ずつ押します❿。［オプションバー］の［○］をクリックして変形を確定しておきましょう⓫⓬。アクションに［変形］の手順が追加されました⓭。

06 ［アクションパネル］の［再生/記録を中止］をクリックして⓮、アクションの記録をストップします。これで、「レイヤーの複製」と「レイヤーを右下方向へ1ピクセルずつ動かす」動作が、アクションとして記録されました。

07 最前面の［文字］レイヤーを選択し⓯、［アクションパネル］で先ほど保存した［立体感増加］の項目を選択して⓰、［選択項目を再生］をクリックしてアクションを実行します。レイヤーが複製され、文字が右下方向へ動いたのがわかります⓱⓲。

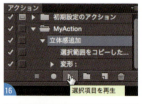

08　このように、最前面の［文字］レイヤーを選択してから［立体感増加］のアクションを実行することで、少しずつ文字の厚みを増やすことができます。アクションを連続して何度も実行し、希望の厚みが出るまで繰り返します⓳。

09　すべての［文字］レイヤーを選択し⓴、［レイヤー］→［重ね順］→［逆順］を実行します。見た目は変わりませんが、これでレイヤーの重なり順が逆転します。

10　最前面の［文字］レイヤーのみを選択して㉑、［レイヤー］→［レイヤースタイル］→［カラーオーバーレイ］を選択し、［描画モード：通常］、［不透明度：100％］、［カラー：R 255、G 255、B 255］で実行します㉒。文字が白になりました㉓。

11　最背面の［文字］レイヤーを選択し㉔、［レイヤー］→［レイヤースタイル］→［ドロップシャドウ］を選択します。各種設定を㉕のように変更して［OK］すれば、立体文字の完成です㉖。

今回の手順で立体的にした文字は、レイヤーの数がかなり多くなってしまうため管理が大変です。最後に、すべての［文字］レイヤーを選択してグループ化するか、スマートオブジェクトに変換しておくといいでしょう。

creator: Toshiyuki Takahashi (Graphic Arts Unit)

№ 036

重みがあるシリアスな印象の写真にする

普通に撮影した写真に、ノイズ追加や濃度調整などを施し、全体的に重みのあるシリアスな雰囲気にしてみましょう。

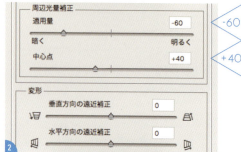

01 写真を開き❶、[フィルター]→[レンズ補正]を選択します。ダイアログ右側にある[カスタム]のタブをクリックし、[周辺光量補正]を[適用量：−60]、[中心点：+40]程度にして実行します❷。写真の具合によって[周辺光量補正]の各値は調整しましょう。写真の周辺が暗くなりました❸。

02 背景をレイヤーとして複製し、レイヤー名を[コントラスト増加]に変更して、[描画モード：ハードライト]にします❹❺。さらにこのレイヤーを複製し、レイヤー名を[輪郭強調]、[描画モード：比較（暗）]にします❻❼。

03 ［輪郭強調］レイヤーを選択した状態で、［フィルター］→［フィルターギャラリー］を選択します。フィルターの［テクスチャ］中から［粒状］のエフェクトを選択し、［密度：5］、［コントラスト：0］、［粒子の種類：小斑点］に設定します❽。このあと、さらにエフェクトを追加するので、まだ［OK］はクリックしません。

04 効果のダイアログ右下の［新しいエフェクトレイヤー］をクリックして❾、エフェクトを複製します。上のほうの［粒状］エフェクトレイヤーを選択し、［密度：20］、［コントラスト：50］、［粒子の種類：標準］に変更したら、［OK］をクリックしてフィルターを実行します❿⓫。

05 ［輪郭強調］レイヤーを複製し、レイヤー名を［彩度調整］、［描画モード：彩度］に変更します⓬⓭。［イメージ］→［色調補正］→［色相・彩度］を選択し、［彩度：−20］程度で実行すれば⓮、完成です⓯。全体の色調が、重くシリアスな印象に補正されました。

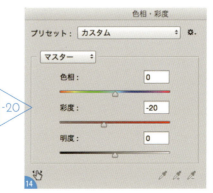

加工したあとの写真全体が暗く感じるときは、レイヤーの最前面に［トーンカーブ］の調整レイヤーを追加し、［属性パネル］でカーブの真ん中あたりを上に持ち上げて、全体を明るく補正してもいいでしょう。

№ 037

クロスプロセス的な雰囲気を出す

クロスプロセスで現像したような独特な色調に補正して、オリジナルとは違う雰囲気を出してみましょう。

（元画像）

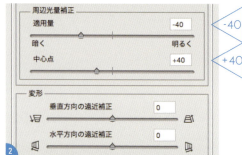
-40
+40

creator: Toshiyuki Takahashi (Graphic Arts Unit)

↓

250

↗

01　写真を開き❶、［フィルター］→［レンズ補正］を選択します。ダイアログ右側にある［カスタム］のタブをクリックし、［周辺光量補正］を［適用量：−40］、［中心点：+40］程度にして実行します❷。写真の具合によって［周辺光量補正］の各値は調整しましょう。写真の周辺が暗くなりました❸。

02　続いて、写真にノイズを加えます。［フィルター］→［ノイズ］→［ノイズを加える］を選択し、［量：250%］、［分布方法：均等に分布］に設定し、［グレースケールノイズ］をチェックして［OK］をクリックします❹❺。

03　［編集］→［「ノイズを加える」をフェード］を選択し、［不透明度：20％］、［描画モード：ソフトライト］で実行します❻。写真にノイズが合成されました❼。

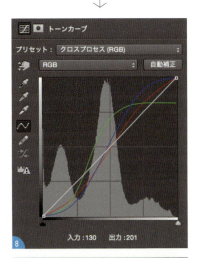

04　次は、色調を変えていきましょう。［レイヤー］→［新規調整レイヤー］→［トーンカーブ］を選択し、［属性パネル］で［プリセット：クロスプロセス（RGB）］を選択します❽。全体の色調が、クロスプロセス風に変わりました❾。

05　今のままだと、少し彩度が高すぎるので調整します。［レイヤー］→［新規調整レイヤー］→［色相・彩度］を選択し、［属性パネル］で［彩度：−40］程度に設定すれば❿、完成です。写真全体がクロスプロセス調になりました⓫。

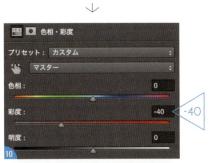

今回の手法は、元写真の色調によって仕上がりが影響されます。全体の色調をさらに補正したいときは、［色相・彩度］の調整レイヤーの上に、［トーンカーブ］などの調整レイヤーを追加して補正を追加してもいいでしょう。

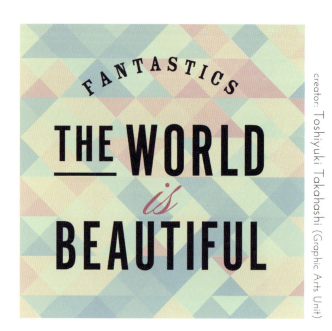

creator: Toshiyuki Takahashi (Graphic Arts Unit)

№ 038

カラフルなローポリゴンのパターン

三角形を組み合わせてできる、ローポリゴンのようなパターン。シンプルなデザインのアクセントにも使えます。

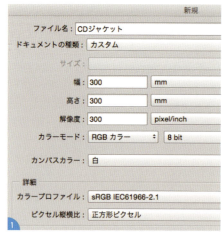

01　パターンとしてほしいサイズの2倍以上の大きさで、新規ドキュメントを作成します。今回は、CDジャケットを想定した、一辺126mm（120mm＋塗り足し6mm）の正方形で作成します。新規ドキュメントは、［幅：300mm］、［高さ：300mm］、［解像度：300pixel/inch］、［カラーモード：RGBカラー/8bit］としました❶❷。

02　新規レイヤーを作成します❸。描画色を黒、背景色を白に設定し❹、［フィルター］→［描画］→［雲模様1］を実行します❺。続けて、［フィルター］→［ピクセレート］→［モザイク］を［セルの大きさ：200平方ピクセル］で実行します❻。雲模様がモザイク状になりました❼。

03 ［編集］→［自由変形］を選択し、［オプションバー］で［H：45°］にして［○］をクリックします❽。モザイク状の雲模様が、水平方向に45°傾きました❾❿。

04 手順02の工程を再度実行し⓫⓬⓭⓮、モザイク状の雲模様レイヤーをもうひとつ作ります。［編集］→［自由変形］を選択し、今度は［オプションバー］で［H：－45°］にして［○］をクリックします。先ほどとは逆の方向に画像が傾きました⓯⓰。

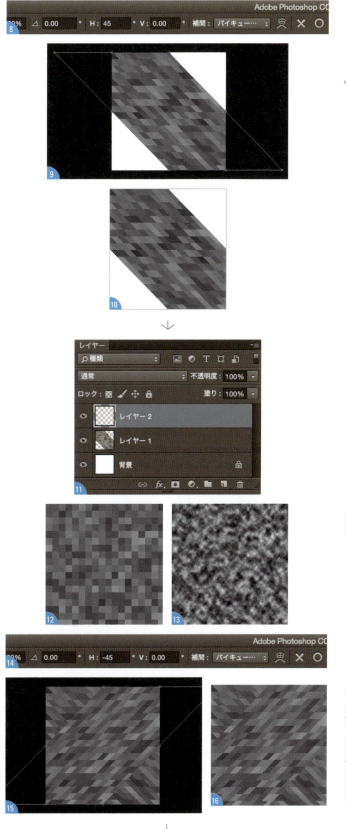

05 一番上のレイヤーを［描画モード：オーバーレイ］にします❶。今のままだと、三角形が少しずれた状態になるので❶、位置を微調整しましょう。［移動ツール］を選択し、キーボードの左右矢印キーを押しながら、レイヤーの画像を移動させ、きれいに三角形が組み合わさる形にします❶。

06 全体を色付けしましょう。［レイヤー］→［新規調整レイヤー］→［グラデーションマップ］を選択し、［レイヤー名：着色］で［OK］をクリックします❷。［属性パネル］でグラデーションをクリックしてグラデーションエディターを開き❷、［位置：0％］［R 215、G 155、B 200］〜［中間点：70％］〜［位置：50％］［R 240、G 240、B 200］〜［中間点：30％］〜［位置：100％］［R 110、G 190、B 230］のグラデーションを作成します❷ ❷ ❷。

07　画像の余分な範囲をトリミングしましょう。［イメージ］→［カンバスサイズ］を選択し、［幅：126mm］、［高さ：126mm］として実行します㉕。パターンがきれいに収まりました㉖。あとは、文字などの要素を配置して完成です㉗。

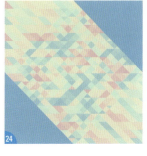

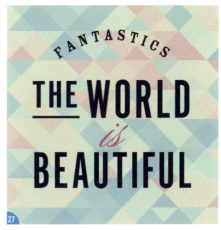

グラデーションマップは、黒から白までの階調に応じてカラーをマッピングする機能です。グラデーションを変更することでさまざまなカラーバリエーションが作れますので、いろいろな配色を試してみましょう。

№ 039

漫画の集中線をイメージした
背景パーツ

グラデーションをベースに使った、漫画の集中線です。
不規則な太さや長さで、より手描き感を強調できます。

creator: Toshiyuki Takahashi (Graphic Arts Unit)

01　新規ドキュメントを作成し❶、[レイヤーパネル] で [背景] を
　　ダブルクリックしてレイヤーに変換します❷。[レイヤー] → [レ
　　イヤースタイル] → [グラデーションオーバーレイ] を選択し、
　　グラデーションのサムネールをクリックして❸グラデーションエ
　　ディターを開きます❹。

02　[グラデーションタイプ：ノイズ]、[粗さ：100％]、[カラーモ
　　デル：HSB] を選択し、[S] の白スライダーを左端まで移動し
　　ます。これで、グラデーションがモノクロになりました。さらに、
　　[色を制限] をチェックしておくことで、ノイズの階調がより細
　　くなります。[開始位置を乱数的に変化させる] をクリックする
　　ごとに、ノイズの状態を変えることができますので、希望の形に
　　なるまで調整しましょう❺。完了したら、[OK] をクリックし
　　てグラデーションエディターを閉じます。

03　グラデーションオーバーレイの他の設定を、❻のように設定して
　　[OK] をクリックし、レイヤースタイルを適用しましょう❼。

04 レイヤーを複製し、レイヤー名の右にある[fx]をダブルクリックします❽。[描画モード：スクリーン]に変更し、[内部効果をまとめて描画]をチェックしたら❾、[グラデーションオーバーレイ]の設定を❿のように変更します。ここでのグラデーションは、[黒、白]としています。[OK]をクリックしてレイヤースタイルを適用しましょう⓫。

05 2つのレイヤーを選択し⓬、[フィルター]→[スマートフィルター用に変換]を実行します⓭。続けて、[フィルター]→[フィルターギャラリー]を選択し、[スケッチ]→[スタンプ]を選択して、[明るさ・暗さのバランス：15]、[滑らかさ：5]に設定します⓮。左側のプレビューを確認しながら、各値は微調整しましょう。[OK]をクリックしてフィルターを実行すれば完成です⓯。

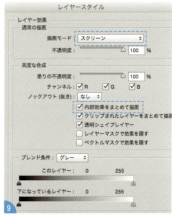

集中線の長さ（中心部分の白さ）は、手順04のグラデーションオーバーレイで[比率]の数値を変えることで調整可能です。また、最後の[スタンプ]フィルターの[明るさ・暗さのバランス]で、密度の調整もできます。

№ 040

サイン球で装飾した箱文字風タイトル

レイヤースタイルで立体感を出した文字に、サイン球の
イメージを組み合わせて箱文字風タイトルにします。

creator: Toshiyuki Takahashi (Graphic Arts Unit)

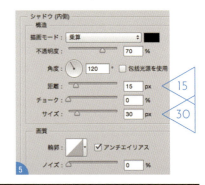

01 背景となる画像を開き❶、[横書き文字ツール]で文字を入力します❷。今回は、数字の「25」としました。フォントがあまり細いと、文字に合わせてサイン球が配置しづらいので、少し太めのサンセリフ体をセレクトしましょう。また、ストロークに強弱が少ないもののほうが向いています。文字のカラーは[R：50、G：50、B：35]にしています。

02 文字のレイヤーを選択した状態で、[レイヤー]→[レイヤースタイル]→[境界線]を選択し、各パラメーターは❸のように設定します。境界線のカラーは[R：200、G：75、B：40]です❹。

03 続けて、文字の内側が凹んだイメージにするため、シャドウを追加しましょう。レイヤースタイルのダイアログを閉じた場合は、レイヤー名の下に表示されている[効果]をダブルクリックして、ダイアログを開いておきます。左列のレイヤー効果一覧から[シャドウ(内側)]を選択し、パラメーターを❺のように設定します。シャドウのカラーは黒です❻。

04 さらに、文字に厚みをつけていきましょう。左列のレイヤー効果一覧から［ドロップシャドウ］を選択し、パラメーターを❼のように設定します。シャドウのカラーは［R：90、G：40、B：5］です。ぼかしのないシャドウを使って、文字の厚みを表現しています❽。

05 CC 2015では、複数のレイヤースタイルを追加できますので、さらにドロップシャドウを追加してみましょう（CC 2014以前の方は、［OK］をクリックしてレイヤースタイルを適用し、次のステップへ進みます）。［ドロップシャドウ］の右にある［＋］をクリックして項目を増やします❾。下のほうのドロップシャドウを選択し、❿のように設定します。これで文字自体のドロップシャドウが追加されました。［OK］をクリックして、すべてのレイヤースタイルを適用しましょう⓫。

06 ［楕円形ツール］を選択し、［オプションバー］で［ツールモード：シェイプ］にして、カンバス上をクリックします。［幅：50px］、［高さ：50px］で実行して正円のシェイプを作成します⓬。［塗り：白］、［線：なし］にしておきましょう⓭⓮。

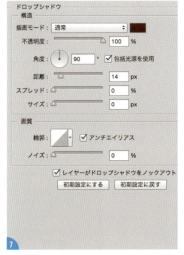

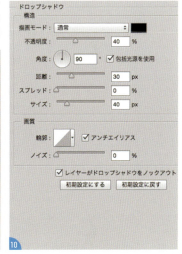

07　正円シェイプのレイヤーを選択した状態で、［レイヤー］→［レイヤースタイル］→［光彩（外側）］を選択し、各パラメーターは⓯のように設定します。光彩のカラーは［R：250、G：255、B：45］です。［OK］をクリックすると、正円シェイプの周囲に黄色のぼかしが入り、発光したようなイメージになります⓰。

08　［属性パネル］を表示し、［マスク］のアイコンをクリックします⓱。［ぼかし：3.0px］に設定すれば、シェイプの境界はやわらかくなり、発光のイメージが強調されます⓲。ここまでできたら、［レイヤー］→［スマートオブジェクト］→［スマートオブジェクトに変換］を実行しておきます⓳。

09　スマートオブジェクトに変換した正円シェイプを複製し、文字のストロークに合わせて等間隔に配置していけば、箱文字のビジュアルは完成です⓴。その他の文字を配置して、タイトルを仕上げます㉑。

今回は、サイン球のカラーをイエローの1色のみにしましたが、異なるカラーで交互に並べても華やかな印象になります。さまざまなカラーで試してみましょう。

№ 041

タイポグラフィと画像を組み合わせたデザイン

画像を2階調化し、違和感なく合成していきます。

（元画像）

1

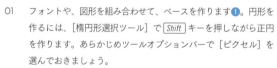

creator: Hayato Ozawa

Natural, feminine　Hand, Street　Business　Creative　Casual　Person　Food, Zoods, Nature

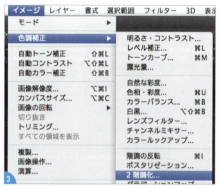
3

2　4

5

6　7

8

01　フォントや、図形を組み合わせて、ベースを作ります❶。円形を作るには、［楕円形選択ツール］で［Shift］キーを押しながら正円を作ります。あらかじめツールオプションバーで［ピクセル］を選んでおきましょう。
カケた部分を作るには、円の中心がわかるようにガイドを作成します（ガイドについてはP267参照）。その図形上で選択範囲を作り、［Delete］キーを押すと、選択部分が削除されます。
向きを変えるには、[⌘]（［Ctrl］）+［T］で画面上に現れたハンドルのコーナー付近にポインターをもっていき、現れた回転ハンドルを動かします。

02　配置したい画像を用意し❷、［イメージ］→［色調補正］→［2階調化］でイラスト風にします❸❹。［クイック選択ツール］等で選択し、［編集］→［コピー］したら、先ほどのタイポグラフィの画面に、［編集］→［ペースト］で貼りつけます❺。同様に画像❻を処理して貼りつけます❼❽。

03 図形に模様を入れましょう。方眼やドットなど模様にしたい画像を開きます❾。[イメージ]→[色調補正]→[色相・彩度]で[彩度：0]にします❿。[イメージ]→[色調補正]→[階調の反転]をします⓫。[イメージ]→[色調補正]→[明るさ・コントラスト]で明るくしたら⓬、[イメージ]→[色調補正]→[2階調化]を選択します。
この画像を⌘（Ctrl）+Cで複製したら、模様を入れたい文字の上に⌘（Ctrl）+Vで貼りつけます⓭⓮。[レイヤーパネル]で、[描画モード：スクリーン]にします⓯⓰。⓱の模様も同様にして貼りつけます。文字に模様が入りました⓲。

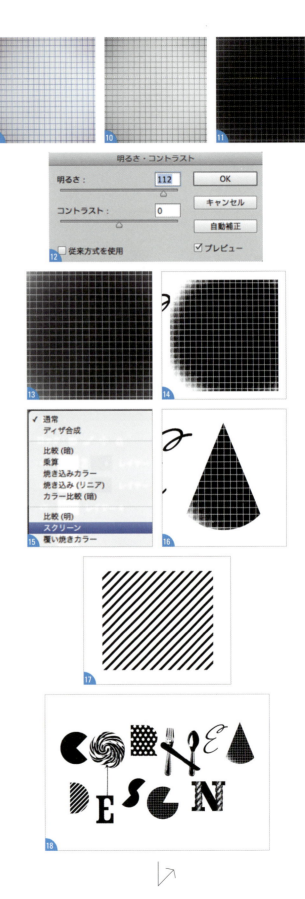

04　文字に手描き感を出していきましょう。模様入りの文字画像レイヤーをすべて選択したら、[フィルター]→[アーティスティック]→[ぎざぎざのエッジ]を選択します⑲⑳㉑。

05　額の画像を用意し、配置したら、文字の色味を茶色っぽくしていきましょう㉒。最前面に[レイヤー]→[新規]→[レイヤー]で新規レイヤーを作成したら、[描画色]をこげ茶色にし、[塗りつぶし]ツールで画面クリックして塗りつぶします㉓。[レイヤーパネル]で[描画モード：スクリーン]にします㉔㉕。

06　仕上げに紙の素材を合成し、レトロ感を出しましょう。紙の素材を開き㉖、最前面に配置したら、[レイヤーパネル]で[描画モード：乗算]にして㉗、完成です㉘。

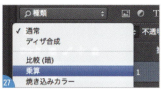

creator: Hayato Ozawa

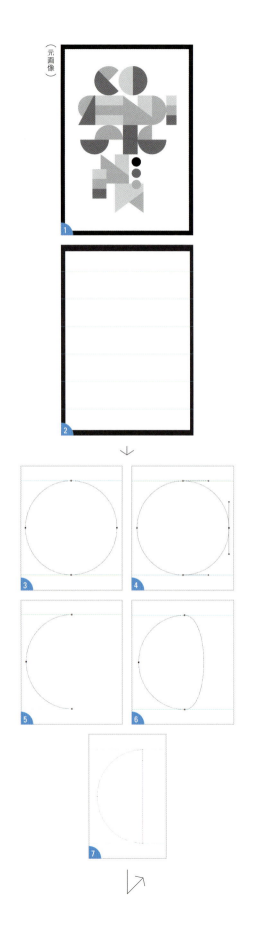

(元画像)

№ 042

図形を組み合わせて作る クリエイティブな イメージのタイポグラフィ

図形に画像をマスクで合成し、
クリエイティブな雰囲気を出します。

01 ベースとなる図形のパスを作成していきましょう❶。⌘（Ctrl）+ R で定規が現れるので、定規からドラッグして、ガイドを引きます❷（P267参照）。

02 ［楕円形ツール］で、ツールオプションバーの［パス］を選択し、Shift キーを押しながら正円を描きます❸（パスの基本についてはP268参照）。
［アンカーポイントの削除ツール］を選び、パス上をクリックし、半円のラインにします❹。［ペンツール］で半円の端と端をクリックし、切れている部分をつなぎます❺。
右面がカーブしてしまっているので、［アンカーポイントの切り替えツール］で、右面のカーブ上をクリックすると「方向線」と「方向点」が出てきます❻。この方向点を左方向へドラッグしていくと、方向線が短くなっていくので、「アンカーポイント」上までもっていき、方向線をなくします。下の方向点も同様にして、半円形にします❼。

03 同様に、[長方形ツール]や[ペンツール]を使い、図形を作っていきます。図形同士をくっつけるには、[パスコンポーネント選択ツール]を選び、[シェイプを結合]を選択します❽❾（CS5では[シェイプ範囲に合体]→[組み合わせ]）。3層に分けるため、[Shift]キーを押しながらランダムに分けたい部分を選択していき、[⌘]（[Ctrl]）+[X]でカット❿。[パスパネル]の下部の[新規パスを作成]をクリックして現れた画面上で[⌘]（[Ctrl]）+[V]で、ペーストします⓫。もう一度同じ作業を行い、パスパネルを3つに分けます⓬。

04 [ファイル]→[新規]で新規ファイルを作成します。先ほど作成したパスパネル❾～⓫を[⌘]（[Ctrl]）+[A]ですべて選択、[⌘]（[Ctrl]）+[C]でコピーしたら、新規ファイル上で[⌘]（[Ctrl]）+[V]を押し、ペーストします⓭～⓯。

05 画像を合成していきましょう。［レイヤー］→［新規］→［レイヤー］で新規レイヤーを作成します。水彩画の画像を開き、⌘（Ctrl）+Aですべて選択、⌘（Ctrl）+Cでコピーしたら、作成した新規レイヤー上で、⌘（Ctrl）+Vを押し、ペーストします。⌘（Ctrl）+Tでサイズを合わせます。［イメージ］→［色調補正］［色相・彩度］で彩度を落とします⓰。

［パスパネル］で図形のパスを選択し、パネル下部の［パスを選択範囲として読み込む］を押し、選択範囲にします。
［レイヤーパネル］下部の［ベクトルマスクを追加］を押すと、水彩形にくり抜いた画像ができました⓱。水彩画の［色相・彩度］を変え⓲⓳、明るくしたり暗くしたりし⓴㉑、他の図形のパスでも繰り返し同様に行います㉒。

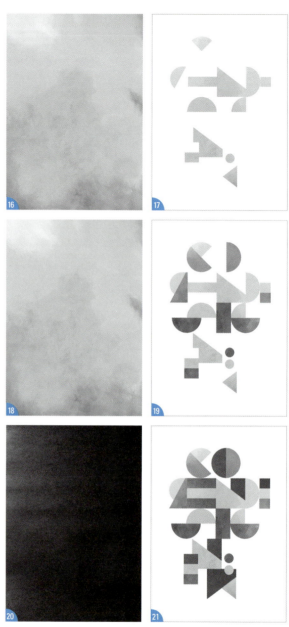

06 全体の色調を整えていきましょう。[レイヤーパネル]で、一番下のレイヤーの下にある空白部分をクリックして、どのレイヤーも選択されていない状態にしたら㉓、[レイヤー]→[新規調整レイヤー]→[明るさ・コントラスト]で[コントラスト]を上げます㉔。

07 雰囲気をアップさせるために、紙の画像を配置していきます。
　紙の画像を開き、すべて選択、コピーペーストで貼りつけます㉕。[編集]→[変形]で大きさや位置を調整します。
　[描画モード：乗算]にします㉖。額として水彩画の画像を配置し、サイズや位置を調整します㉗。文字を配置し完成です㉘。

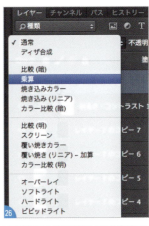

№ 043

フィルムで撮ったような
雰囲気ある写真加工

コントラストを浅くすることで、
フィルムで撮ったような画像に加工します。

（元画像）

creator: Hayato Ozawa

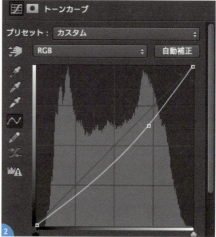

01　画像を開きます❶。［レイヤー］→［新規調整レイヤー］→［トーンカーブ］を選択します。❷のように下に曲がった曲線にします。

02　シャドウ部分を明るくします。［レイヤー］→［新規調整レイヤー］→［トーンカーブ］で、で❸のような波形の曲線にします❹。

03 赤みを入れましょう。[レイヤー]→[新規調整レイヤー]→[レンズフィルター]で[レッド]にして[適用量：25％]にします❺❻。

04 画像の周りを暗くしてレトロ感を強調しましょう。まず[レイヤーパネル]で背景にある元画像を選択し、[レイヤーパネルメニュー]から[レイヤーを複製]を選びます。
[レイヤーパネル]下部の、[ベクトルマスクを追加]ボタンを押したら、[ツールパネル]で[グラデーションツール]を選び、ツールオプションバーで[黒、白][円形グラデーション]を選び、画面中央から端に向かってドラッグします❼。マスクが追加されました。
さらに、[レイヤーパネル]で[描画モード：乗算]にします❽。もう一度、この作業を繰り返し、より周囲を暗くします❾❿⓫。

05 画像のトーンを落ち着かせましょう。最前面レイヤーに［レイヤー］→［新規］→［レイヤー］で新規レイヤーを作成します。［描画色］を茶色にし、［塗りつぶしツール］で画面クリックして、茶色に塗りつぶします⓬。［レイヤーパネル］で［描画モード：スクリーン］、［不透明度：55%］にします⓭⓮⓯。

06 ノイズを追加して雰囲気をさらにアップさせましょう。黒い粒子が粗い紙を用意して配置します⓰。
［フィルター］→［その他］→［ハイパス］を選択します⓱⓲。

↓

↗

[レイヤーパネル]で[描画モード：オーバーレイ]にします⑲⑳。

07　コントラストを調整します。[レイヤー]→[新規調整レイヤー]→[明るさ・コントラスト]で[コントラスト：24]にアップさせます㉑㉒。文字を配置して完成です㉓。

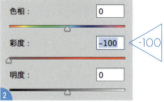

№ 044

1色印刷のような
雰囲気のあるイメージ

ノイズとハーフトーンパターンの組み合わせで、
1色印刷のようなイメージを作成しましょう。

01　画像を開き❶、⌘（Ctrl）+ C、⌘（Ctrl）+ V でコピーペーストしてから、［イメージ］→［色調補正］→［色相・彩度］で彩度を落とします❷❸。

02　［編集］→［自由変形］で画像を縮小し、［レイヤーパネル］メニューで［レイヤーを結合］を選び、画像を統合します❹。

03　［フィルター］→［スケッチ］→［ハーフトーンパターン］を選び❺、ハーフトーンパターンで粗い印刷物のような雰囲気を出します❻。

04 ノイズでカスレを表現しましょう。［フィルター］→［ノイズ］→［ノイズを加える］を選びます❼❽。

05 枠を作成しましょう。新規レイヤーを作成し、［長方形選択ツール］で長方形を作ります。［選択範囲］→［選択範囲を反転］で選択範囲を反転させ、枠の形にしたら、［描画色：白］にして［塗りつぶしツール］で塗りつぶします❾。

06 背景の明るさの調整をします。背景レイヤーの人物の形を選択したら❿、［選択範囲］→［選択範囲を反転］を選び、［レイヤーパネル］下部で［塗りつぶしまたは新規調整レイヤーを作成］ボタンを押し、［明るさ・コントラスト］を選び、［色調補正］パネルで明るさを下げます⓫。背景部分のみ暗くします⓬。

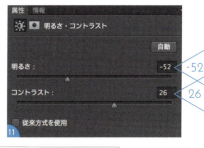

07　紙の質感を加えましょう。紙の画像を用意し開いたら⑬、⌘（Ctrl）+ Cでコピーし、作業中のファイルに⌘（Ctrl）+ Vでペーストし、配置します。［レイヤーパネル］で［描画モード：乗算］にします⑭⑮。

08　全体を1トーンにしましょう。最前面に［レイヤー］→［新規］→［レイヤー］で新規レイヤーを作成します。［ツールパネル］で［描画色：ピンク］にしたら、［塗りつぶしツール］で画面クリックして塗りつぶします⑯。［レイヤーパネル］で［描画モード：スクリーン］にし⑰⑱、文字を配置したら完成です⑲。

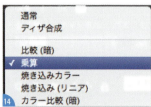

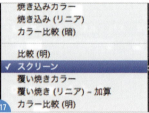

》手順05　選択範囲を解除するには、⌘（Ctrl）+ Dのショートカットが便利です。

新規レイヤーを作成するショートカットは、Shift + ⌘（Ctrl）+ Nです。

(5章)

Casual
カジュアル

（元画像）

№ 045

写真をスタンプ風に
加工して飾りに

画像を切り抜いたら、［スタンプ］フィルターを適用します。

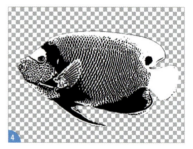

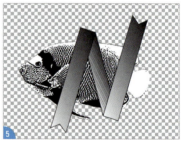

01　元画像①の魚を［自動選択ツール］などで選択し、切り抜きます②。次に、［フィルター］→［フィルターギャラリー］→［スタンプ］③を適用します④。
　　次に、［ペンツール］や［グラデーションツール］で制作した飾りを読み込み⑤、レイヤーマスクを使用し、魚より下にある部分のみ非表示にします⑥。

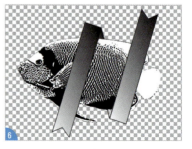

02 次に、❺に［フィルター］→［フィルターギャラリー］→［ぎざぎざのエッジ］❼、［フィルター］→［フィルターギャラリー］→［コピー］❽、［フィルター］→［フィルターギャラリー］→［スタンプ］❾の3種類のフィルターを適用します❿。同様に、文字もスタンプ風に加工します⓫。最後にトーンカーブ⓬で色づけをして完成です⓭。

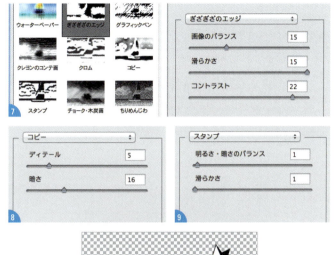

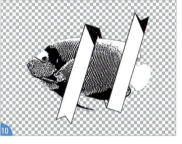

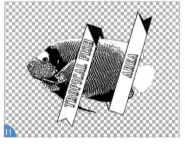

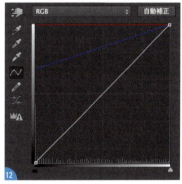

№ 046

水彩で描いたような
チェック柄のサイト背景

ブラシツールでラインを描き、[波紋]フィルターや[ぼかし]フィルターをかけ、交差させます。

creator: Masaya Eiraku

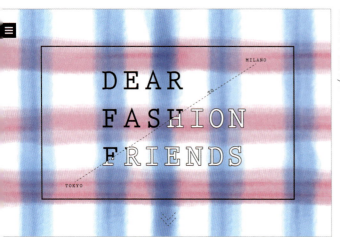

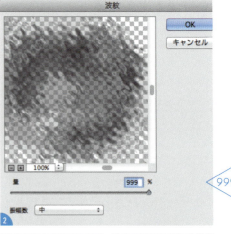

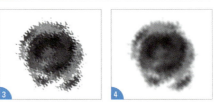

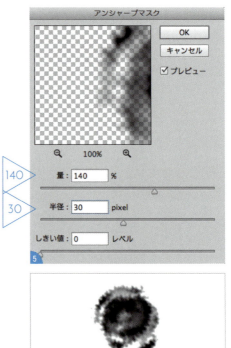

01　[ファイル]→[新規]で、[高さ：1240pixel][幅：2953pixel][解像度：300pixel/inch]の新規ファイルを作成します。新規透明レイヤーを作成し、[ブラシツール]を選択します。[ハード円ブラシ]で、[不透明度：30％][モード：乗算]で適当に塗り重ねます❶。

02　次に、[フィルター]→[変形]→[波紋]❷で❶をジグザグに変形させます❸。さらに[フィルター]→[ぼかし]→[ぼかし（ガウス）]を選び、[半径：5pixel]を適用しぼかします❹。ここで、[フィルター]→[シャープ]→[アンシャープマスク]❺を適用し、❹を少しくっきりさせます❻。

03 できあがったものを［編集］→［ブラシを定義］で新規ブラシとして保存します。［ブラシプリセット］で［間隔］や［サイズジレット］を調整し❼❽、ラインが水彩の質感に近くなるよう調整します。

04 ［ブラシツール］で作成したブラシを選び、［モード：乗算］、［流量：10%］とし、ラインを書き重ねていきます❿。これを横方向にも行いチェック柄の完成です⓫。

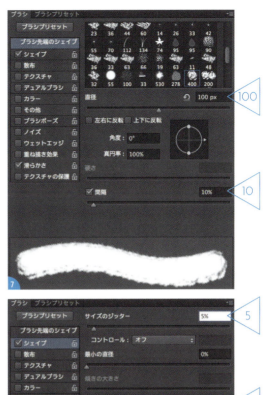

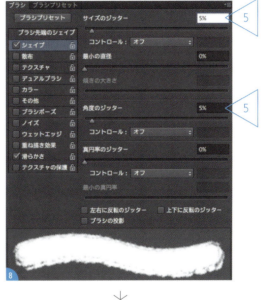

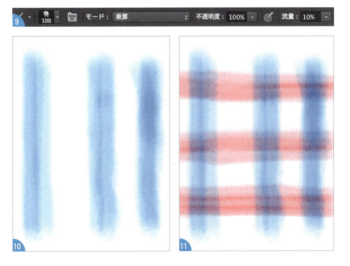

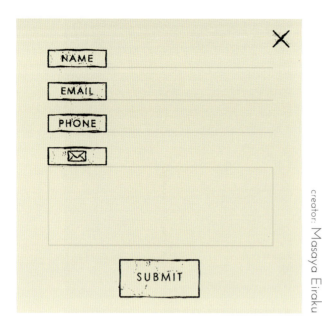

creator: Masaya Eiraku

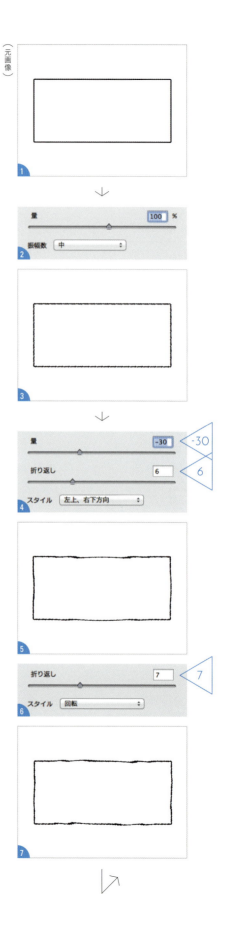

№047
手描きで作成したようなwebパーツ
アナログ感あるパーツを手軽に作ってみましょう。

01 ［ファイル］→［新規］、［幅：95mm］［高さ：5mm］［解像度：300pixel/inch］の新規ファイルを作成します。［長方形選択ツール］で画面をドラッグし、四角形の選択範囲を作成します。［編集］→［境界線を描く］をクリックします。⌘（Ctrl）+ D で、選択解除すると、❶のような四角形のラインになります。

02 ［フィルター］→［変形］→［波紋］❷を適用し、少し粗い質感をプラスします❸。

03 続けて、［フィルター］→［変形］→［ジグザグ］❹を適用し、ラインを歪ませます❺。［レイヤー］→［レイヤーを複製］で複製し、［フィルター］→［変形］→［ジグザグ］で［スタイル：回転］を適用します❻❼。

04 できあがった❼のレイヤーを、［レイヤー］→［レイヤーを複製］でコピーし、［レイヤーパネル］で［比較（暗）］で重ね、［移動ツール］で位置をずらし重ねます❽。

05 同様にして少し歪んだ文字も作成します❾。

06 次に、新規透明レイヤーを作成し、❿のように［長方形選択ツール］で四角形を作成、白色で塗りつぶします。

07 さらに、［フィルター］→［描画］→［雲模様2］を適用します⓫。

08 できあがった⓫を拡大し⓬、［レイヤーパネル］で［描画レイヤー：ビビッドライト］に変更すると、汚れを作ることができます⓭。レイヤーマスクなどで余分な部分を消して完成です⓮。

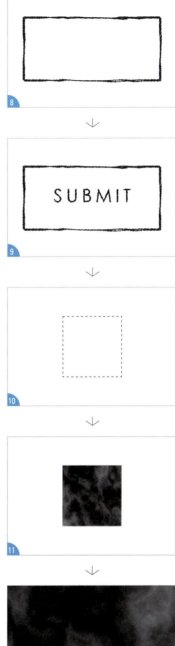

汚れがうまく反映されない場合は、最下部のレイヤーは「白ベタ」になっているか確認してみてください。そこが透明レイヤーなどですと、仕上がりが正しくなりません。また、［フィルター］→［描画］→［雲模様2］をもう一度適用してみましょう。

creator: Masaya Eiraku

（元画像）

№ 048

版ズレしたような表現で
写真をポップに

調整レイヤーの［着色］で単色の画像を3つ作り、
重ねてズラすことでポップなデザインにしてみましょう。

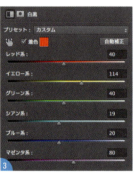

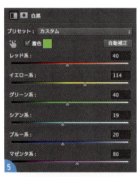

01　元写真❶を開き、［クイック選択ツール］等で切り抜きます❷。

02　さらに、［レイヤー］→［新規調整レイヤー］→［白黒］❸を適用し、［色調調整パネル］で［着色］にチェックを入れ、サンプル部分を赤にして、赤の単色画像にします❹。

03　［レイヤーパネル］でこのレイヤーを選び、［レイヤー］→［レイヤーを複製］を適用して複製し、調整レイヤーの設定を変更しながら緑❺❻、青❼❽の単色画像を作成します。

04 できあがった3枚の画像レイヤーを、それぞれ［描画モード：色相］に変更し、［移動ツール］で少し位置をずらしながら重ねます ❾。

05 次に［レイヤー］→［新規調整レイヤー］→［トーンカーブ］❿ で色を少し濃くし ⓫、［レイヤー］→［新規調整レイヤー］→［色相・彩度］で色味を変更します ⓬ ⓭ ⓮。

06 ［レイヤー］→［表示レイヤーを結合］でここまでのすべてのレイヤーを統合し、［フィルター］→［フィルターギャラリー］→［塗料］⓯ を適用します ⓰。

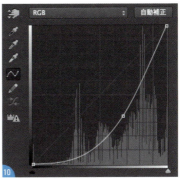

>> 手順01 写真の明暗がはっきりしなくて写真の切り抜きがうまくできない場合は、［レイヤー］→［新規調整レイヤー］→［トーンカーブ］等で、コントラストを上げてみましょう。

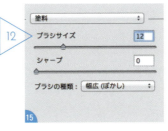

№ 049

小物の背景に色味をつけて
ポップにしたフライヤー

撮影時の自然な影や背景のトーンを活かしたまま
背景色のみ変更します。

creator: Masaya Eiraku

（元画像）

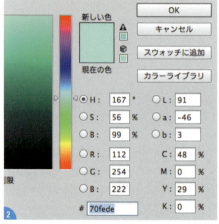

↓

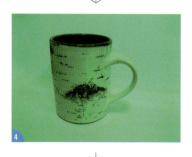

↓

01　元画像❶の背景をポップな色に変更しましょう。まず［レイヤー］→［新規塗りつぶしレイヤー］→［べた塗り］❷でエメラルドのベタ面を制作します❸。明るめの色に設定しておくときれいな色味になります。

02　次に、元画像❶レイヤー上で⌘＋クリック（右クリック）して、［背景からレイヤーへ］を選択し、先ほど作ったべた塗りレイヤーの上へ移動させます。［描画モード：焼き込み（リニア）］にします❹。

03　次に元画像❶のコップ部分のみを［自動選択ツール］等を使用して選択し複製、レイヤーモードは「通常」のまま、同じ位置に重ねます❺。こうすることで、撮影時の自然な影や背景のトーンを活かしたまま背景色のみ変更することができました。

04 さらに、コップに⌘＋クリック（右クリック）で［クリッピングマスクを作成］を適用し、［色調補正パネル］で、［トーンカーブ］を適用し❻❼、色味を調整します❽。

05 最後に全体をトーンカーブ❾❿で少し明るくして完成です⓫。

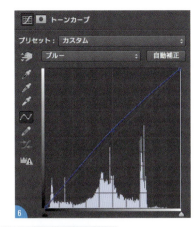
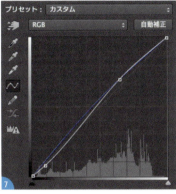

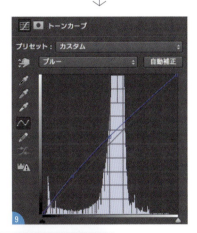
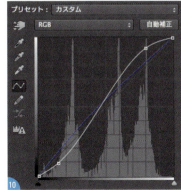

№ 050

キラキラしたパズル系アプリの
アイコンデザイン

［モザイク］フィルターを使うことで
マス目状に分割することができます。

creator: Masaya Eiraku

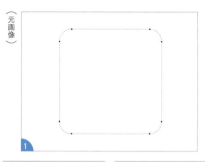

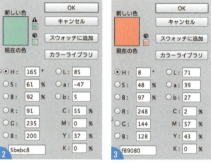

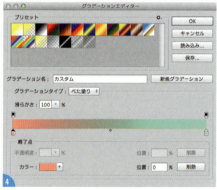

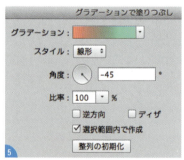

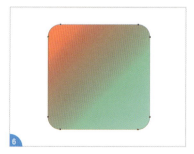

01 　［ファイル］→［新規］で、［幅：1748pixel］［高さ：1240pixel］［解像度：300pixel/inch］の新規ファイルを作成し、［角丸長方形ツール］で❶のような角丸の正方形のパスを作成します。［パスコンポーネント選択ツール］でパスを選択してから、⌘＋クリック（右クリック）して、［選択範囲を作成］をクリックします。［レイヤー］→［新規塗りつぶしレイヤー］→［グラデーション］で❷❸❹❺のようにグラデーションを作成します❻。

02 できあがった⑥を［レイヤー］→［レイヤーを複製］、［レイヤー］→［ラスタライズ］→［レイヤー］で複製＆ラスタライズします。［フィルター］→［ピクセレート］→［モザイク］⑦を適用し、マス目状に分割します⑧。

03 続けて［編集］→［変形］→［回転］で45度回転させながら、固定比率で160％程度拡大します⑨。

04 さらに［編集］→［変形］→［自由な形に］で、高さのみ70％縮小し、菱形のマス目を作成します⑩。

05 ［自動選択ツール］等で元の四角形⑥の形を選択したら、菱形のレイヤーを選び、［レイヤーパネル］下部の［レイヤーマスクを追加］ボタンを押します。［レイヤーパネル］で［描画モード：オーバーレイ］に変更します⑪。

06 ここで、マス目のひとつを［自動選択ツール］などで選択し⑫、［移動ツール］で上方向へ少しずらします⑬。同様に、いくつかのマス目もずらし、バラバラのレイヤーに分けます⑭。

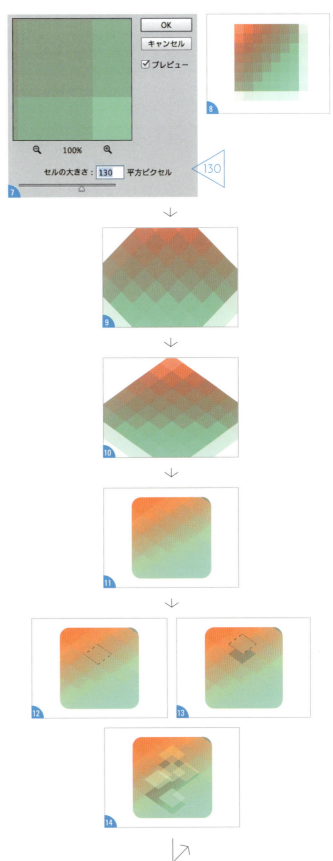

07 次に、元のレイヤーに［フィルター］→
［フィルターギャラリー］→［ラップ］⓯
を適用しマス目のラインに光沢をプラス
します⓰。同様に、バラバラに分割した
パーツにも［ラップ］を適用します⓱。

08 次に、小さい菱形のひとつを選択し、［レ
イヤースタイル］→［ドロップシャドウ］
⓲を適用して少し宙に浮いたように見せ
ます⓳。同様に他の菱形にも影を追加し
ます⓴。

09 ここで大きな菱形とバラバラの小さい菱
形すべてを複製＆統合し㉑、［フィルター］
→［フィルターギャラリー］→［コピー］㉒
を適用しさらに境界線を強調させます㉓。

10 続けて、［フィルター］→［ぼかし］→［ガ
ウス］㉔を適用し全体をぼかします㉕。

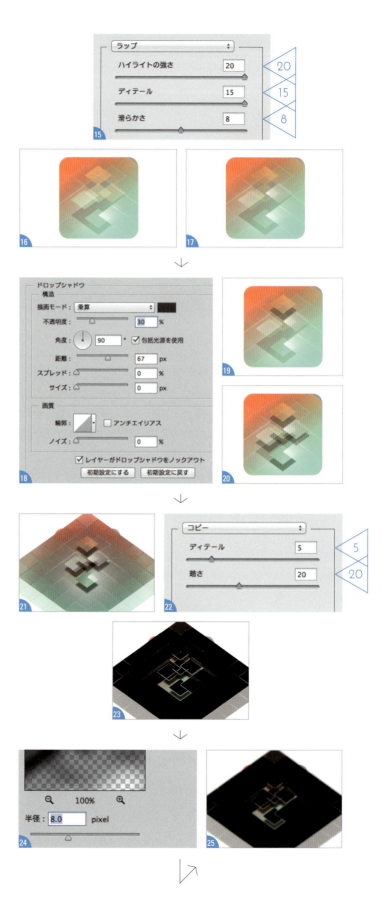

11 再度❻の選択範囲を作り、できあがったもののレイヤーを選択したら、[レイヤーパネル]下部の[レイヤーマスクを追加]ボタンを押してマスクを適用します。レイヤーの[描画モード：覆い焼きカラー]として重ねると光のラインをさらに強調することができます㉖。

12 次に、最初に作成したパスを複製し、最前面レイヤーに移動させます。塗りと同じグラデーションをラインにも適用し、枠線だけにします㉗ ㉘。さらに、[レイヤースタイル] → [グラデーションオーバーレイ]㉙を適用し、枠線に光沢感を出します㉚。

13 続けて[レイヤースタイル] → [ドロップシャドウ]㉛を適用し、枠線に立体感を出します㉜。

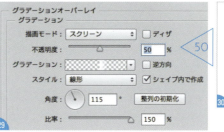

14 最後に文字をレイアウトしつつ㉝、[トーンカーブ]㉞ ㉟を適用して、色味とコントラストを調整したら完成です。

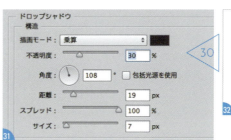

≫ 手順13　このとき、クリッピングマスクを適用しているので内側のみシャドウが表示されます。

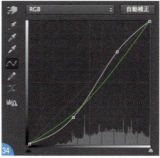
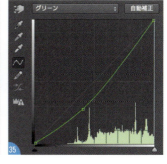

№ 051

スニーカーを切り抜いて
軽やかなイメージを作成

切り抜いた画像に奥行きのある背景をプラスしたり、影を
プラスして、商業デザインに使えるものにしてみましょう。

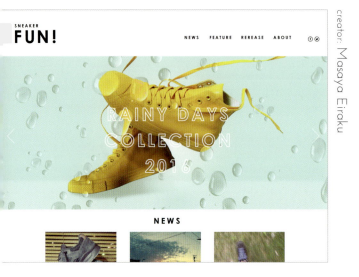

creator: Masaya Eiraku

（元画像）

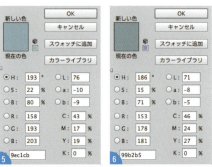

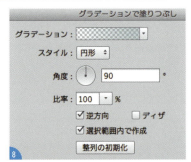

01　スニーカーの画像❶を、［自動選択ツール］や［なげなわツール］を使用して切り抜きます❷。もう片方も切り抜き❸、レイアウトします❹。

02　次に背景を作成します。［レイヤー］→［新規塗りつぶしレイヤー］→［グラデーション］❺❻❼❽を作成して、薄い水色のグラデーションを作り、靴の背面レイヤーに移動させます❾。

03 次に奥行きのある背景にするため、床面を作りましょう。先ほどの❾を複製し、⌘（Ctrl）＋Tで❿のように縦幅を縮めます。さらにレイヤーの［描画モード：スクリーン］に変更し⓫、［フィルター］→［ぼかし］→［ガウス］を適用し、ぼかします⓬。

04 次に背景に合わせて靴の色味を［トーンカーブ］⓭ ⓮ ⓯で調整します⓰。同様に［トーンカーブ］でもう片方も調整します⓱。

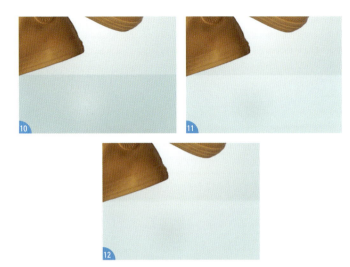

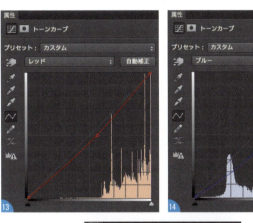

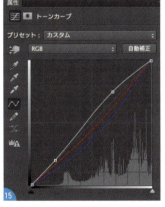

05 ここで前面の靴で選択範囲を作成し⑱、ずらします⑲。さらに［新規調整レイヤー］→［トーンカーブ］⑳を適用㉑します。もう片方でクリッピングマスクを適用㉒、［フィルター］→［ぼかし］→［ガウス］（20pixel）を適用することで靴のシャドウを作成することができます㉓。

06 同様にもう片方のシャドウも作成しますが㉔、より自然な印象にするため、レイヤーマスク㉕を［ブラシツール］等で塗りつぶしながら調整し、床面から遠いかかとの部分は影を薄くします㉖。

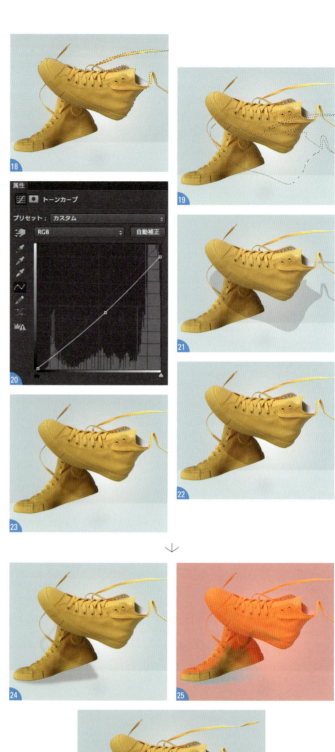

07 次に水滴を撮影した㉗を用意し、水滴のみを切り抜きレイアウトします㉘。レイヤーモードを「輝度」に変更することで自然な印象になじませることができます㉙。

08 同様に、他の水滴をレイアウトし㉚最後に全体をトーンカーブ㉛㉜㉝で明るい印象にして完成です㉞。

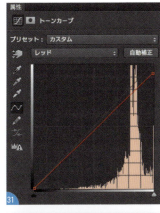
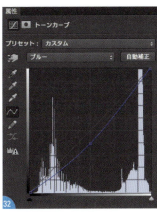
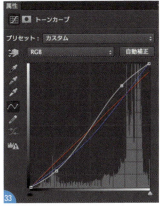

№ 052

太い縁取りとズレた塗りで作る
ポップなタイトルロゴ

縁取りからはみ出した塗りが印象的な、シンプルかつポップな印象のタイトルロゴを作ります。

creator: Toshiyuki Takahashi (Graphic Arts Unit)

01　［横書き文字ツール］を使って、タイトルに使いたい文字を作成します❶。文字は1文字ずつを別レイヤーとして作成しましょう❷。［編集］→［変形］→［回転］を使って、各文字をランダムに回転させます。全体のバランスを見ながら配置を調整しましょう❸。

02　「た」のテキストレイヤーを選択し❹、［塗り：0%］にします❺。続けて、［レイヤー］→［レイヤースタイル］→［境界線］を選択し、［サイズ：6px］、［位置：外側］、［カラー：黒］に設定します❻。プレビューを確認すると、文字の周囲に縁取りがつきました。画像のサイズによって、線の太さは調整しましょう。

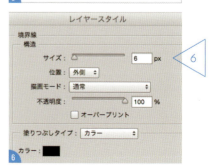

03 続いて、左列から［ドロップシャドウ］の項目をチェックして選択します。❼のように設定しましょう。シャドウのカラーは［R 110, G 195, B 165］としました。ポイントは、［レイヤーがドロップシャドウをノックアウト］のチェックをオフにしておくことです。こうすることで、文字の内部までシャドウが描画されます❽。

04 ［OK］をクリックしてレイヤー効果を適用します。［レイヤー］で、先ほどレイヤー効果を適用したテキストレイヤーを右クリックし、［レイヤースタイルをコピー］を選択します❾。

05 ［レイヤーパネル］で、「た」以外のテキストレイヤーをすべて選択します❿。選択したレイヤーを右クリックし、［レイヤースタイルをペースト］を実行します⓫。すべての文字にレイヤー効果が適用されました⓬。

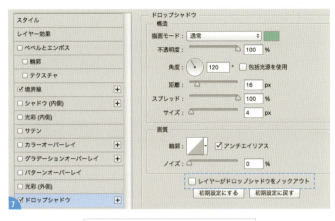

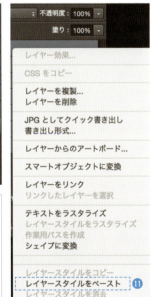

06 「の」のテキストレイヤーにある［ドロップシャドウ］をダブルクリックし、ドロップシャドウのカラーを［R 235、G 165、B 215］に変更します⑬⑭。同じ要領で、各文字のドロップシャドウのカラーを変更すれば、完成です⑲。残りのカラーは、［R 95、G 175、B 225］⑮⑯、［R 210、G 230、B 80］⑰⑱を使いました。

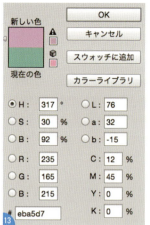

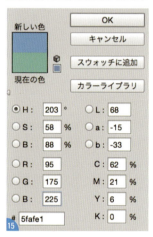

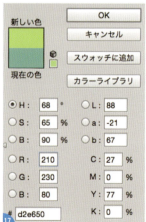

≫ 手順01　ショートカットキーは、⌘（Ctrl）＋Ｔでも回転させることができます。

レイヤーには、画像の透け具合を調整する［不透明度］と［塗り］という2つの項目がありますが、［不透明度］はレイヤー効果を含むすべてに影響があるのに対し、［塗り］は元々の画像のみに影響を与えます。今回のように、画像は透明にしておいてレイヤー効果だけを利用する場合は、［塗り］を使って調整するのがいいでしょう。

№ 053

チェック柄のパターンを素早く作る

チェック柄がほしいとき、素材を探すよりも
素早くパターンを作成できる簡単なテクニックです。

creator: Toshiyuki Takahashi (Graphic Arts Unit)

01 [幅：20pixel]、[高さ：20pixel]で新規ドキュメントを作成し❶❷、チェック柄のベースにしたいカラーで、全体を塗りつぶします❸。ここでは[R：225、G：190、B：0]としました❹❺。さらに、新規レイヤーを作成して❻、全体を白で塗りつぶします❼❽。

02 　追加したレイヤーを選択し、[フィルター] → [ノイズ] → [ノイズを加える] を ❾ の設定で実行します ❿。続いて、[フィルター] → [その他] → [スクロール] を選択し、[未定義領域：端のピクセルを繰り返して埋める] を選択したら、[水平方向] のスライダーを右端までスライドさせて [OK] をクリックします ⓫。水平方向のボーダーができました ⓬。

03 　レイヤーを [描画モード：ソフトライト]、[不透明度：50％] に変更したあと ⓭ ⓮、⌘（Ctrl）+ J で複製します。複製したレイヤーを選択し ⓯、[編集] → [変形] → [90°回転（時計回り）] を実行します。チェック柄のユニットができました ⓰。

04 　[イメージ] → [画像解像度] を選択し、[幅：1000％]、[高さ：1000％] に設定し、[再サンプル] をチェックして [ニアレストネイバー法（ハードな輪郭）] で実行します ⓱。画像がシャープなまま拡大されました ⓲。

05 ［編集］→［パターンを定義］を選択し、［パターン名：チェックパターン］でパターンを登録します⑲。あとは、パターンオーバーレイなどを使って、希望のエリア⑳に適用します㉑㉒㉓。文字を追加して完成です㉔。パターンの色の調整が必要なときは、［トーンカーブ］や［色相・彩度］などの調整レイヤーを使うといいでしょう。

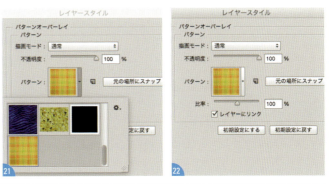

今回のテクニックでは、ステップ02のノイズによってチェックの柄が変わります。同じ手順でいくつか作成し、気に入ったものをストックしておいてもいいでしょう。

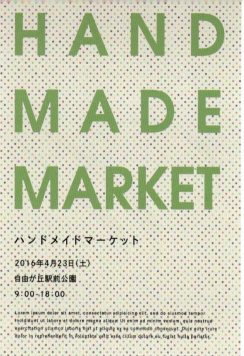

creator: Toshiyuki Takahashi (Graphic Arts Unit)

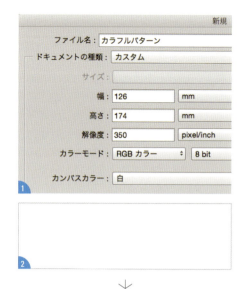

№ 054
カラフルなランダムドットパターン

意外と作るのが難しいランダムカラーのドット。CC 以降で搭載されたスクリプトの塗りつぶしで作成します。

01　パターンとしてほしいスペースより、一回り大きいサイズで新規ドキュメントを作成します。今回は、ハガキサイズ＋塗り足し3mmの（106×154mm）のパターンを作りたいので、それに20mmずつプラスした［幅：126mm］、［高さ：174mm］、［解像度：350pixel/inch］のドキュメントとしました❶❷。

02　［レイヤーパネル］の［塗りつぶしまたは調整レイヤーを新規作成］から、［べた塗り］を選択し❸、カラーピッカーで［R：220、G：220、B：220］の色を選択して［OK］をクリックします❹。薄いグレーのべた塗りレイヤーが追加されました❺。このレイヤーを、［フィルター］→［スマートフィルター用に変換］を実行してスマートオブジェクトに変換しておきましょう❻。

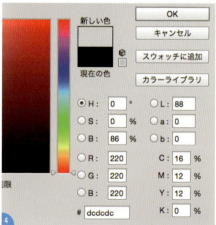

03 ［フィルター］→［ピクセレート］→［カラーハーフトーン］を選択します。［ハーフトーンスクリーンの角度］をすべて［45°］に変更し、［最大半径］には、ドット同士の繰り返し間隔の距離をピクセル単位で指定します。今回は［20pixel］として、ドットの左右を20pixelスパンで並べるようにしました❼。［OK］をクリックしてフィルターを実行します。グレーのベタがドットに変換されました❽。

04 続いて、ランダムカラーの基準となるパターンを作ります。先ほどカラーハーフトーンのフィルターで指定した繰り返し距離の値を基準に、新規ドキュメントを作成します。幅は2倍、高さは同じにしましょう。今回は20pixelの繰り返しとしたので、［幅：40pixel］、［高さ：20pixel］です❾❿。［編集］→［塗りつぶし］を選択し、［内容：50％グレー］で塗りつぶします⓫⓬。

05 すべてを選択し⓭、［編集］→［境界を描く］を選択、［幅：1px］、［カラー：黒］、［位置：内側］［不透明度：1％］で実行します⓮。見た目はほとんどわかりませんが、ごく薄い罫線が周囲に追加されています⓯。続けて、［編集］→［パターン定義］を選択して、［ブランク40x20］という名前でパターン登録します⓰。

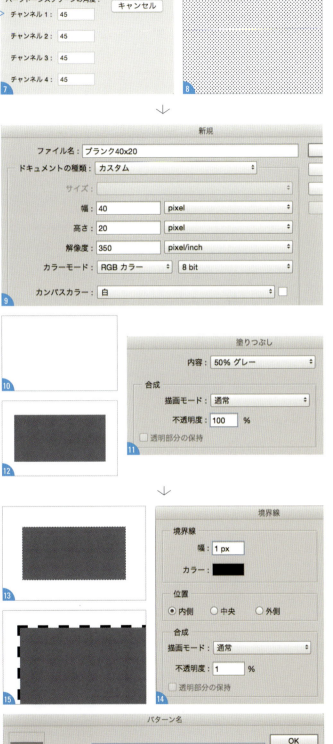

06 ドットのドキュメントに戻り、新規レイヤーを作成します❶。［編集］→［塗りつぶし］を選択し、［内容：パターン］に変更します❶。［カスタムパターン］から、先ほど作成した［ブランク40x20］のパターンを選択し、［スクリプト］にチェックを入れ、［レンガ塗り］を選択します。［透明部分の保持］をオフにして［OK］をクリックしましょう❶。

07 レンガ塗りの設定画面では❷のように設定します。ポイントは［カラーのランダム度］を［1］にして、全体をランダムカラーに塗りつぶすことです。［OK］をクリックして塗りつぶしを実行しましょう。全体がランダムカラーでレンガ状に塗りつぶしされました❷。

08 ランダムカラーのレイヤーを［描画モード：スクリーン］にして、ドットに合成します❷。カラーの境目とドットの位置がずれているときは❷、ランダムカラーのレイヤーを移動して位置を合わせます❷。ずれていなければ、そのままでかまいません。

09 ランダムカラーのレイヤーを移動した場合は、天地左右のいずれかにカラーが足りない部分が出てきます。カンバスを仕上がりのサイズにトリミングして、カラーが不足している範囲を削除しましょう。[イメージ] → [カンバスサイズ] を選択し、[幅：106mm]、[高さ：154mm] で実行します㉕。不要な範囲がトリミングされました㉖。

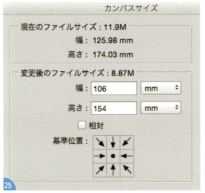

10 任意の色の塗りつぶしレイヤーを、重なりの最前面に追加し㉗、[描画モード：乗算]で全体に合成します。今回は、[R：235、G：230、B：205]としました㉘㉙。あとは、[色相・彩度] や [レベル補正] などの調整レイヤーを使って、全体の色調を整えれば完成です㉚㉛。すべてのレイヤーを結合すれば、デザインの飾り要素として使えます㉜。

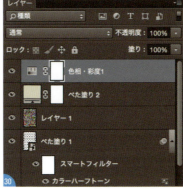

カラーハーフトーンを適用したスマートオブジェクトをダブルクリックして中身を開き、べた塗りレイヤーのグレーの濃度を変えて保存すれば、ドットの大きさを調整できます。ドットの丸を大きくしたいときはより濃く、小さくしたいときはより薄くするといいでしょう。

№ 055

パターンを使って
イラストをポップに仕上げる

簡単にできるドットのパターンを使って、
ポップでかわいいイラストを作っていきましょう。

creator: Hayato Ozawa

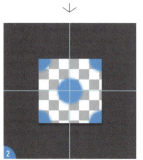

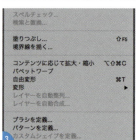

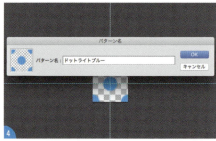

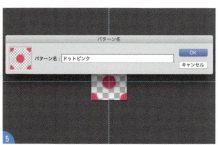

01　まずドットのパターンを制作していきましょう。［ファイル］→［新規］で［幅：50pixel］［高さ：50pixel］にします。
　　ガイドを引き、中心を作ります。［楕円形ツール］を選択し［ツールオプションバー］で［ピクセル］を選択、［ツールパネル］で［描画色］を水色にしたら、画面中央で Shift （ Option ）（ Alt ）キーを押しながら正円を作ります❶。

02　制作した円を［クイック選択ツール］でコピーペーストし、［移動ツール］で四つ角に配置します❷。［編集］→［パターンを定義］を選択し❸、ファイルに名前をつけ、OKを押します❹。これでパターン登録の完了です。今回はピンク、ライトブルー、イエローの三種を制作しました❺❻。

03 パターンを反映させたいイラストを用意します❼。パターンで塗りたい部分を［クイック選択ツール］等で選択します❽。［塗りつぶしツール］を選び、［ツールオプションバー］で、［パターン］を選び、先ほど作成したドットのパターンを選びます。塗りつぶしたい部分の上でクリックすれば、ドットで塗りつぶすことができます❾。他の部分も同様に塗りつぶして完成です❿。

（元画像）

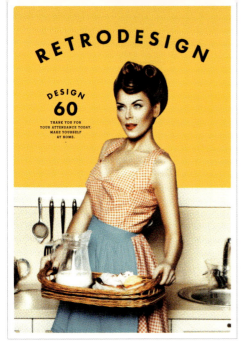

creator: Hayato Ozawa

№ 056

レトロでPOPなビジュアルイメージ

切り抜きとカラーハーフトーンを使って
レトロでPOPな雰囲気に仕上げましょう。

01 画像を開きます❶。レトロイラストっぽくするため、ノイズを軽減させていきます。［フィルター］→［ノイズ］→［ノイズを軽減］を選びます❷。これを2回繰り返し❸、ツルッとしたイラストのような質感にします❹。

02 次に人物と背景に分けましょう。［クイック選択ツール］や［マグネット選択ツール］で人物の形を選択したら、⌘（Ctrl）+ C、⌘（Ctrl）+ V でコピーペーストし、人物と背景の画像に分けます❺。背景は、下部のみ残したいので、上部を選択したら Delete キーで削除します❻。

（元画像）

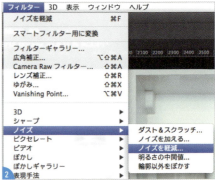

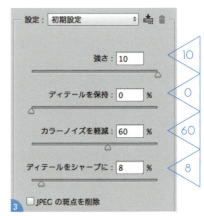

03 ポップさをプラスするために、エプロンの色味を濃くしていきましょう。［レイヤー］→［新規］→［レイヤー］で新規レイヤーを作成したら、［描画色：水色］にして、［ブラシツール］でエプロンの形に着色していきましょう❼。［レイヤーパネル］で［描画モード：乗算］［不透明度：34％］にします❽❾。

04 背景を着色しましょう。最背面に新規レイヤーを作成したら、［描画色：黄色］にして［塗りつぶしツール］で画面をクリックし、黄色く塗りつぶします❿。

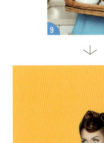
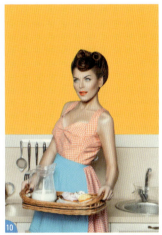

05 最前面に文字と枠を配置しましょう。円弧に沿ったようなテキストを作るには、［文字ツール］で文字を入力し、ツールオプションバーで［ワープテキストを作成］を押します⓫。

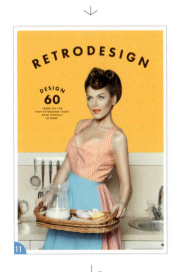

06　髪の色味の調整をしていきましょう。［レイヤー］→［新規調整レイヤー］→［トーンカーブ］を作成します⓬。人物のレイヤーで、髪の部分の選択範囲を作り⓭、［レイヤーパネル］下部の［レイヤーマスクを追加］をクリックします。［色調補正パネル］で髪の毛部分のみ明るくして、他を暗くします⓮⓯。

07　印刷物の版ズレのような効果をプラスしましょう。人物のレイヤーを複製し、下のレイヤーを選択して、右下に少しだけ移動します⓰。［レイヤーパネル］で［描画モード：スクリーン］にします⓱⓲。

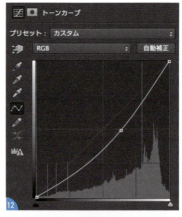

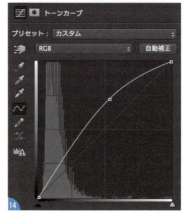

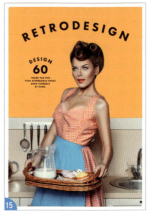

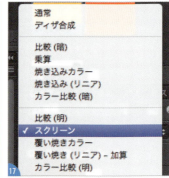

08 全体の色味の調整をしましょう。最前面に［レイヤー］→［新規調整レイヤー］→［カラールックアップ］（CS6以降の機能）を作成し、[filmstock_50.3dl]［不透明度：63％］にします❶❷❸。

09 カラーハーフトーンをかけます。レイヤーをすべて結合し、⌘（Ctrl）+C、⌘（Ctrl）+Vでコピー＆ペーストします。［フィルター］→［ピクセレート］→［カラーハーフトーン］を選択し❹❺❻、［レイヤーパネル］で［描画モード：オーバーレイ］にしたら完成です❼❽。

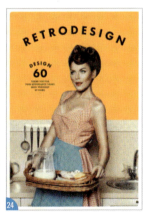
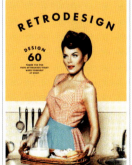

ONE POINT technique

≫ 手順02　切り抜いた画像の形の選択範囲を簡単に作るには、切り抜いた画像をすべて選択して（⌘（Ctrl）+A）、［移動ツール］を選んだら、カーソルキーの↓を押すだけです。

№ 057

ヴィンテージなイメージのロゴ

ブラシツールを使って、簡単に
ヴィンテージな雰囲気のロゴを作ります。

creator: Hayato Ozawa

（元画像）

↓

↓

01　背景用の画像を準備します❶。次に、ロゴを制作し（P269参照）、データをコピー＆ペーストします❷。⌘（Ctrl）＋Aでファイル全体を選択したら［移動ツール］をクリックし、カーソルキーの↓を押します。すると先ほど配置したロゴが自動選択されます❸。選択されたら、元のロゴのレイヤーは［レイヤーパネル］の目のマークをクリックし、非表示にしておきましょう❹。

02　［レイヤー］→［新規］→［レイヤー］で新規レイヤーを制作し、［ブラシツール］から［チョーク］を選択して選択範囲を塗りつぶしていきます❺。ブラシの設定で［間隔］等を好みに調整しながら仕上げていきましょう❻。ランダムにマウスを動かしながら塗りつぶしていくと、自然な仕上がりになります❼。

03　塗りつぶしが終わったら、選択範囲を解除して完成です❽。

［ブラシツール］のオプションバー［△］で［サムネール］ではなく［リスト（小）］を選ぶと、ブラシの種類が一覧できます。

(6章)

Person
パーソン

creator: Norio Isayama　model: Risa

№ 058
手軽に肌のレタッチを行う

トーンカーブでレタッチすべき箇所を明確にし、
美しい肌に補正していきます。

（元画像）

❶

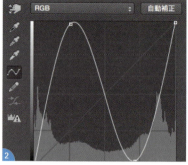

❷

❸

↓

❹

01　トーンカーブを活用してレタッチ箇所を明確にしていきます❶。
　　［レイヤー］→［新規調整レイヤー］→［トーンカーブ］を開き
　　ます。そして図のように普段はなかなかやることがない大胆なカー
　　ブを描きます❷。すると大きな毛穴やニキビなどがわかりやすく
　　なります❸。

02　明確になったレタッチ箇所を［ツールパネル］の［コピースタン
　　プツール］でレタッチしていきます❹❺。まず［レイヤーパネル］
　　で「新規調整レイヤー」を先ほどのトーンカーブの下に作成し、
　　［コピースタンプツール］を選びます。そして［サンプル：現在
　　のレイヤー以下］にチェックを入れます。こうすることで元の画
　　像とは別のレイヤーで調整できるので戻って修正が可能です。あ
　　とは処理したいものの大きさに合わせてブラシサイズを調整しレ
　　タッチしていきます。

❺

必要なときにON／OFFを使い分けながらレタッチを進める
ことが条件です。わかりやすいからといって常にONにした
状態で作業すると全体が見えないまま進行してしまい、失敗
へつながるので気をつけましょう。

creator: Norio Isayama　model: Erica

（元画像）

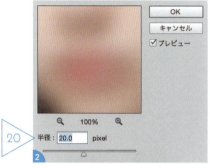

№ 059

やわらかく透明感ある印象に仕上げる

女性のポートレート写真など、やさしい印象にしたいとき、ソフトフォーカスのような効果をつけてみましょう。

01　人物写真を開いたら❶、［レイヤーパネル］メニューで［レイヤーを複製］を選び、背景レイヤーを複製します。新たにできたレイヤーを［描画モード：ソフトライト］にしたら、［フィルター］→［ぼかし］→［ぼかし（ガウス）］で［半径：20pixel］で適用します❷。これでソフトフォーカス効果が生まれ、やわらかい印象になりました❸。

02　明るさを調整しましょう。［レイヤー］→［新規調整レイヤー］→［トーンカーブ］で好みの明るさに調整して完成です❹❺。少しオーバー気味にもっていくことで透明感を出すことができます。

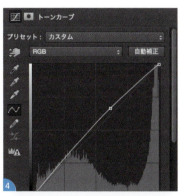

［ぼかし］のフィルターをどのくらい適用させるのか、また描画モードで印象が大きく変わるのでいろいろと試してみてください。

creator: Norio Isayama　model: Risa

№ 060

トイカメラ風に仕上げる

独特な質感とチープな色合いが魅力の
トイカメラ風に加工してみましょう。

（元画像）

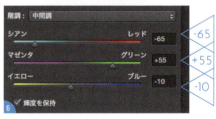

01　トイカメラは、色調やピントにズレが出ている点が特徴です❶。その雰囲気を出すために大胆に調整してみましょう。
　　ピントが浅い印象を作ります。背景レイヤーを複製し、新たにできたレイヤーを［描画モード：ソフトライト］にします。そして［フィルタ］→［ぼかし］→［ぼかし（ガウス）］で［半径：5pixel］で適用します❷❸。

02　色調を大胆に調整していきます。［レイヤー］→［新規調整レイヤー］→［色相・彩度］を選択し、［彩度：＋20］に設定します❹❺。［レイヤー］→［新規調整レイヤー］→［カラーバランス］を選択し、［階調：中間調］［シアン・レッド：－65、マゼンタ・グリーン：＋55、イエロー・ブルー：－10］に設定します❻。数値はイメージに合わせて調整してください。

03　周辺光量を落とします。［レイヤーパネル］下部の［新規レイヤーを作成］ボタンでレイヤーを新規で開いたら、［ツールパネル］の［ブラシツール］で四隅を黒く塗っていきます。［レイヤーパネル］の［不透明度］を調整して完成です❼。

カラーバランスの設定次第で表現の幅は広がります。

creator: Norio Isayama　model: Erica

№ 061

単焦点レンズで
大きくボカしたような写真加工

明るい単焦点レンズで撮影すると一部にピントが合って
それ以外ボケた、やわらかい印象の写真が撮れます。
その効果を［ぼかし］フィルターで表現していきます。

01　スマートオブジェクトに変換してから作業開始です。素材となる写真を開き❶、［レイヤー］→［レイヤーを複製］で複製します。そして複製したレイヤーを［レイヤー］→［スマートオブジェクト］→［スマートオブジェクトに変換］を選択します。これで元写真のデータを損なわずに編集していくことが可能になりました。

02　ぼかしフィルター効果を、遠近感に合わせて2回適用させます。1回目のぼかしをかけます。［フィルター］→［ぼかし］→［ぼかし（ガウス）］と進んで［半径：4.0］に設定します❷❸。スマートフィルターマスクのサムネールで、もっとも際立たせたい左目、あとレンズから同距離の位置にあるまゆげ以外をマスクしていきます。

03　2回目のぼかしをかけます。手順1、2と同じように背景を複製し、スマートオブジェクトに変換したものを作ります。［ぼかし］を［半径：7.0］で適用します❹。そして今回はスマートフィルターマスクのサムネールを一度削除してベクトルマスクを追加します❺。ここでは一番ぼかすべきレンズから一番遠い背景部以外をマスクします。これで完成です。

もしボケ具合に調整が必要になった場合でも、スマートオブジェクトにしているため、ぼかしのかけ具合を再度調整することが可能です。

（元画像）

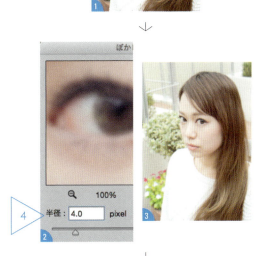

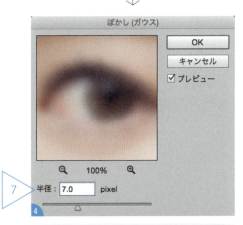

creator: Norio Isayama　model: Risa

№ 062

懐かしい風合いの写真にする

年月が経った昔懐かしい風合いの写真のような、色あせた色調を表現していきます。

（元画像）

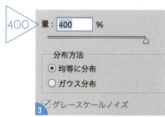

01　元画像を開きます❶。彩度を下げて色あせた雰囲気にします。［レイヤー］→［新規調整レイヤー］→［色相・彩度］を選択し、［彩度：−30］に設定します❷。

02　ノイズを加えて質感を出します。［レイヤー］→［新規塗りつぶしレイヤー］→［べた塗り］を選択し、白で塗りつぶします。次に［レイヤーマスク］を選択し［フィルター］→［ノイズ］→［ノイズを加える］を選択し、［量：400％］［均等に分布］を選択して適用します❸❹。［描画モード：ソフトライト］に設定することでノイズがなじみます❺。

03　オレンジがかった印象を与えて古さを表現します。［レイヤー］→［新規調整レイヤー］→［レンズフィルター］を選択し、［フィルター：暖色系（85）］［適用量：50％］にて設定します❻。

04　最後に四隅が焼けたイメージにして時間の経過をイメージさせます。［レイヤーパネル］下部の［新規レイヤーを作成］ボタンでレイヤーを新規で開いたら❼、［ブラシツール］を設定し四隅を黒く塗っていきます。不透明度を最後に調整して完成です。

コントラストを弱めて色を浅くすることでより時間の経過を表現できます。

creator: Norio Isayama　model: Noriaki Goto

№ 063

ブリーチバイパス風の写真に仕上げる

「ブリーチバイパス」とは「銀残し」ともいい、
現像過程で漂白処理を飛ばしたり短縮させることで作る
ハイコントラストで低彩度な画像のことです。

（元画像）

-40

01　ハイコントラストな画像を作っていきましょう。素材となる写真を開き❶、背景を複製します。次に複製したレイヤーを白黒に変換します。［イメージ］→［色調補正］→［色相・彩度］と進み、［彩度−100］もしくは［イメージ］→［色調補正］→［白黒］で変換します❷。白黒になったレイヤーを、［レイヤーパネル］で［描画モード：オーバーレイ］［不透明度：90％］に調整します❸。これでハイコントラストな画像ができました。

02　低彩度の画像を作っていきましょう。［レイヤー］→［新規調整レイヤー］→［色相・彩度］と進んで［彩度：−40］に設定します❹❺。

03　レベル補正で明るさを調整します。中間調を少し明るくしたいので［レイヤー］→［新規調整レイヤー］→［レベル補正］で中間調を少し左に寄せて明るく調整し、完成です❻❼。

ONE POINT technique

ブリーチバイパス風加工ではクールなイメージに仕上がるので、
人物モデル写真や、無機質な風景の写真がうまくハマります。

creator: Norio Isayama　model: Risa

№ 064
朝方のイメージに切り替える

カラーフィルターを用いて色温度を調整することで朝方の澄んだ空気感を表現します。

（元画像）

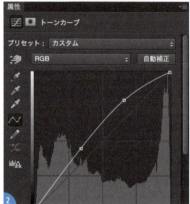

01　元画像を開きます❶。写真を明るく調整します。朝の澄んだ空気感を出すために［レイヤー］→［新規調整レイヤー］→［トーンカーブ］を選択し、カーブを持ち上げて明るくします❷❸。

02　朝らしい印象にしてみましょう。［レイヤー］→［新規調整レイヤー］→［レンズフィルター］を選択し、［フィルター：寒色系（82）を選び、［適用量：30％］に設定します❹❺。以上で完成です。

カラーフィルターで暖色系のものを選択すれば、夕方の風景にも変えることができます。

creator: Norio Isayama　model: Risa

№ 065

独特の色合いのクロスプロセス風写真

カラーフィルムの作業工程を入れ替えて（クロスさせて）
現像したような、不思議な色に加工してみましょう。

（元画像）

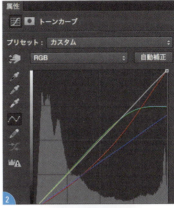

01　トーンカーブの各チャンネルで色調を壊していきます。画像を開き❶、［レイヤー］→［新規調整レイヤー］→［トーンカーブ］を選びチャンネルごとに色を調整していきます。まず［R］チャンネルでは中間調を下げます。次に［G］チャンネルでは中間調からハイライトに向かって平坦なラインを作ります。ここを調整することでハイライトに入ってくるマゼンタの色を調整できるようになります。そして［B］チャンネルではハイライト部を下げます❷❸。

02　彩度を上げます。［レイヤー］→［新規調整レイヤー］→［色相・再度］を選び［彩度：+15］にし、彩度を高めます❹❺。以上で完成です。

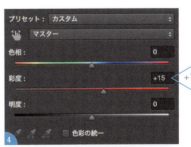

+15

ONE POINT technique

≫ 手順01　クロスプロセスとは特殊な現像方法の一種です。カラーフィルムにはネガとポジがあり、それぞれ作業工程が異なります。その作業工程を入れ替えて（クロスさせて）現像させることにより不思議な色の写真を仕上げる方法です。現像されるまでどういう色が上がってくるかはわからないものなので、自分なりにトーンカーブをいじってみて好みの色調を見つけ出しましょう。

自分好みの設定ができたらパネルメニューで、［トーンカーブプリセットを保存］を選び、保存しておくと、今後別の写真で同様の色調にしたくなったときに便利です。

175

creator: Norio Isayama　model: Risa Komatsu (sumica)

（元画像）

№ 066

フィルムが感光したイメージの写真に仕上げる

フィルムカメラの場合、機材や手元の不備でフィルムが感光してしまうケースがあります。その感光で得られるハレーション効果風の表現を作ってみましょう。

01　元画像を開きます❶。感光したイメージをグラデーションを用いて表現します。［新規レイヤーを作成］でレイヤーを新規で開いたら、［描画モード：リニアライト］にしておきます。

02　次に［ツールパネル］で［グラデーションツール］を選択し❷、オプションバーの［クリックでグラデーションを編集］をクリックすると［グラデーションエディター］のウィンドウが開きます❸。［プリセット：描画色から透明に］を選択し、［R255・G0・B0］で右下からグラデーションを描きます❹。

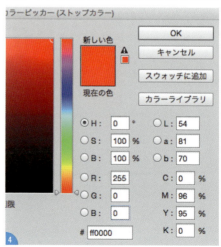

この要領で赤やオレンジ、黄色、緑などの色を各方向から重ねていきます。色ごとにレイヤーを新規で作成し、［不透明度］を調整していきます❺❻❼❽。

03 明るさの調整を行い、なじませましょう。［レイヤー］→［新規調整レイヤー］→［トーンカーブ］を選択し、明るく持ち上げたら完成です❾❿。気持ち明るめにしておくとグラデーションがなじみます。

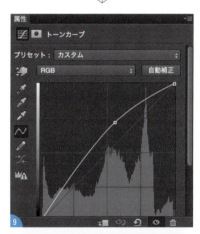

色を重ねる際に、描画モードを変えて試してみると、また違った雰囲気に仕上がります。写真に合わせて感光させるイメージを描いていきましょう。

creator: Norio Isayama　model: Noriaki Goto

№ 067

力強い高感度フィルム風写真

モノクローム高感度フィルムを高温現像した際に見られる粒子の粗さを表現します。男性のポートレートなどで力強い印象にしたい際にオススメです。

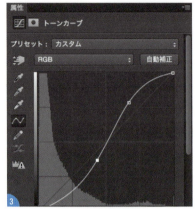

01　元画像を開きます❶。新規調整レイヤーの白黒機能を使用して変換します。[レイヤー] → [新規調整レイヤー] → [白黒] を選択し、濃度を整えます❷。これだけだと全体がフラットなので、[レイヤー] → [新規調整レイヤー] → [トーンカーブ] を選択し、「S字」を描くようなイメージでコントラストをつけていきます❸❹。

02　ノイズで粒子の粗さを表現します。最背面の元画像を選択し [レイヤー] → [レイヤーを複製] で複製します。次に [フィルター] → [ノイズ] → [ノイズを加える] で [ガウスに分布] を適用します❺。これで写真全体にノイズが加わったことになります。

03　中間調のみにノイズをのせたいので、[レイヤーパネル] で [描画モード：オーバーレイ] にします❻。オーバーレイにすることでシャドウ部とハイライト部にはノイズがのらない状態になります。あとは好みで [不透明度] を調整して完成です。

コントラストをつける際に、黒く潰れてしまわないように注意しましょう。

№ 068

映画のような
低彩度高コントラストな風景写真

映画などで用いられるような
印象的で独特な色合いを再現していきます。

（元画像）

creator: Norio Isayama

01 素材となる写真を開き❶、［レイヤーパネル］メニューの［レイヤーを複製］で、背景レイヤーを複製します。複製したレイヤーの［描画モード：オーバーレイ］にします。［レイヤー］→［新規調整レイヤー］→［白黒］を選び、［下のレイヤーを使用してクリッピングマスクを作成］にチェックを入れます。これで低彩度、ハイコントラストな画像の基本ができました。

02 全体の色味を調整します。白黒の［色調補正］パネルで微調整を行っていきます。今回の写真では木の葉っぱをより強調したいのでイエロー系とグリーン系を強めに調整します❷❸。

03 ノイズで質感を作ります。最背面にある元写真を選んで［フィルター］→［ノイズ］→［ノイズを加える］で［量：20%］、［均等に分布］、［グレースケールノイズ］にチェックを入れ、適用したら完成です❹❺。

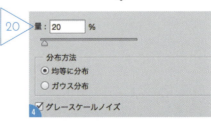

単純に彩度やコントラストを調整するのではなく個々の色を調整してまとめあげることで、イメージに近い写真に近づきます。

№ 069
服に柄をプラスする

布のシワに沿って選択範囲を作成して、パターンで塗りつぶします。
［自由変形］で自然に見えるよう調整しましょう。

creator: Masaya Eiraku

（元画像）

01　ベースとなる写真❶のストール部分に柄をつけていきたいと思います。まずは柄を作成します。［ファイル］→［新規］で、［幅：800pixel］［高さ：800pixel］［解像度：72pixel/inch］の新規ファイルを作成します。［レイヤー］→［新規］で新規透明レイヤーを作成、適当なブラシでラフに円を描きます❷。

02　これを［編集］→［パターンを定義］によって新規パターンとしてあらかじめ登録しておきます❸。

03　次に、ベースとなる写真❶のストール部分に柄をつけていきたいと思います。まずストールの折り目に沿って［なげなわツール］などで選択範囲を作成し、［レイヤー］→［新規調整レイヤー］→［パターンで塗りつぶし］❹を適用します❺。

04　さらに、できあがったパターンレイヤーで［不透明度：45％］に❻、レイヤーの［描画モード：焼き込みカラー］に変更することによってなじませていきます❼。

05 同様に、折り目やシワに沿って都度選択範囲を作成、パターンを適用し、スカーフ全体にパターンをつけていきます❽❾。

06 実際の柄つきスカーフの場合は折り目の境界線でパターンが隠れてきれいに出ないはずですが、この方法で作成していくと選択範囲を分け、別レイヤーでパターンを作成したとしても、図形がきれいに揃ってしまいます❿。

07 そこであらかじめ❺のパターンを適用する際に「元の画像にスナップ」をクリックすることによってパターンの座標が制作ごとに変わるのでこの問題は解消されます⓫。複雑な面に適用する際は適用しておくと自然に近い柄にすることができます⓬。さらに、リアルにしたい際はパターンごとに［編集］→［自由変形］で形を変えていくといいでしょう。

↓

↓

ONE POINT technique

≫ 手順03　比率の値を変更することによって好みの柄のサイズに変更できます。

［編集］→［自由変形］のショートカットは⌘（Ctrl）＋Tです。覚えておくと便利です。

（元画像）

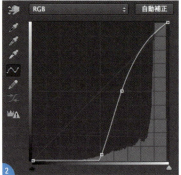

№ 070

手を汚したような加工で、ハードな印象に

キレイなパーツを汚れたような印象にするテクニックです。

↓

↓

01　元画像❶を開き、［イメージ］→［色調補正］→［トーンカーブ］❷を適用し、少し大げさにコントラストを強くします❸。

02　次に、［自動選択ツール］［クイック選択ツール］等で、手の部分のみの選択範囲を作成し、［レイヤー］→［新規］→［レイヤー］で、新規レイヤー（白色）を作成します。続けて［フィルター］→［描画］→［雲模様2］を適用します❹。

03　さらに、［レイヤーパネル］で［描画レイヤー：彩度］に変更し、汚れた質感をプラスします❺。

↓

↗

04　ここで、これまでのレイヤーを、［レイヤー］→［レイヤーを複製］でコピー、［レイヤー］→［表示レイヤーを結合］します。［レイヤーパネル］の［描画モード：乗算］で重ねることで、全体のバランスを保ったまま色を濃くします❻。

05　次に［レイヤー］→［新規調整レイヤー］→［特定色域の選択］❼❽を適用し、スミっぽかった部分に赤みをプラスして土で汚れたような雰囲気に近づけます❾。

06　最後に［イメージ］→［色調補正］→［トーンカーブ］❿でコントラストを強めつつ、［イメージ］→［色調補正］→［色相・彩度］⓫で少しだけ彩度を落とすと完成です⓬⓭。

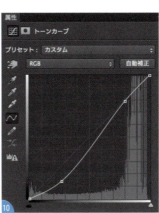

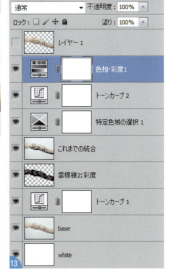

№ 071
足の曲がり方を自然に変える

［パペットワープ］を使って、自然に変形させてみましょう。

（元画像）1

↓

2

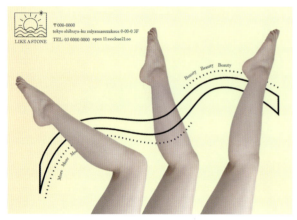
creator: Masaya Eiraku

3

4

↓

5

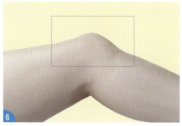
6

↓

01　元画像❶で、背景と人物を別のレイヤーに分けます。

02　人物のレイヤーを選択した状態で、［編集］→［パペットワープ］を選択すると❷のようにメッシュで分割されます。さらに今回はひざの角度を変更するのでひざの関節にひとつ、もも、ひざ下にそれぞれアンカーとなるピンを設置します❸。次に、ひざ下部分のピンをドラッグすることで真ん中のピン（ひざ部分）を軸としてひざ下のみ動かすことができます❹。

03　こうして、ひざを伸ばしましたが、❺のようにひざが少し盛り上がって不自然な状態に見えます。アンカーとなるピンの位置を修正することで解消できることもありますが今回は簡易的に修正していきます。まず、［長方形選択ツール］で、ひざ周辺を選択します❻。

04 続けて、[レイヤーパネル]で人物のレイヤーを ⌘（Ctrl）+ Option（Alt）+ Shift キーをクリックすることで、先ほど作成した長方形の選択範囲と人物の選択範囲の共通する部分のみの選択範囲を作成することができます❼。

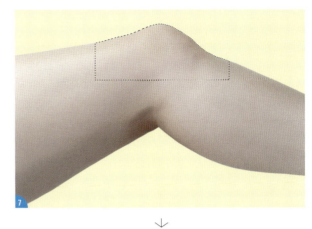

05 ここで、[編集]→[自由変形]で、[ワープモード]を選択し❽、ひざの出っぱった部分を修正します❾❿。文字や飾りを載せて完成です。

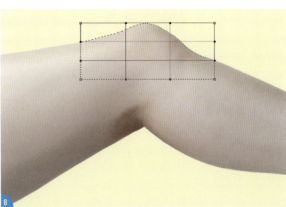

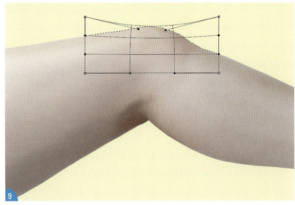

≫ 手順01　自然に写真を切り抜き、別の背景になじませるテクニックについては、P140（小物の背景に色味をつけてポップにしたフライヤー）を参照してください。

≫ 手順02　この際にメッシュの大きさの変化などを見て、ひざが不自然に伸びていないか確認しながら作業するのがポイントです。

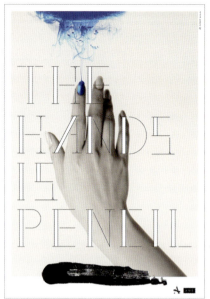

creator: Masaya Eiraku

№ 072

マニキュアをつけたように
ツメを着色する

選択範囲を作成し、色を変えたり、レイヤー効果［ベベルと
エンボス］で丸みを出したりして、自然に着色してみます。

（元画像）

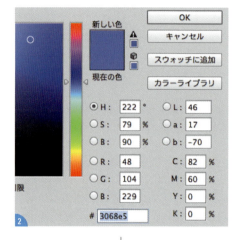

01 　元画像❶を開きます。今回は色が際立つように、モノクロ写真を
　　ベースに作業します。

02 　ツメの部分を［なげなわツール］や［クイック選択ツール］、パ
　　スなどで囲って選択範囲を作成します。続けて、［レイヤー］→［新
　　規塗りつぶしレイヤー］→［べた塗り］❷を適用し、色を青くし
　　ます。

03 　次に、❷で作成した調整レイヤーに、［レイヤー］→［レイヤー
　　スタイル］→［ベベルとエンボス］❸を適用し、ツメに丸みのあ
　　る光を適用します❹。

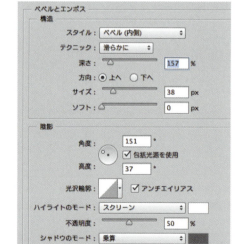

04 さらに、［レイヤー］→［レイヤースタイル］→［光彩（内側）］⑤もプラスして、ハイライトを強調し光沢感を出します⑥。最後に［レイヤー］→［新規調整レイヤー］→［トーンカーブ］⑦で、コントラストを強めて完成です⑧。

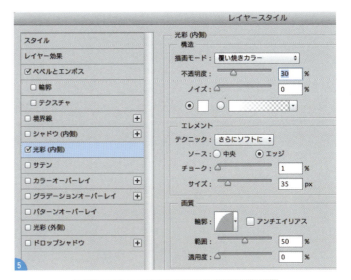

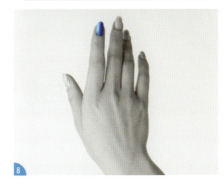

≫ 手順01　カラー写真をモノクロにするには、［イメージ］→［色調補正］→［モノクロ］です。

№ 073

人物写真をミニチュア風に加工する

人物部分を選択し、[ドライブラシ] や [塗料] を適用すると
リアルさをなくすことができます。

（元画像）

creator: Masaya Eiraku

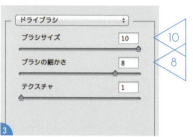

01 元となる画像を開きます❶。[なげなわツール][クイック選択ツール][マグネット選択ツール] などを使用して人物のみ切り抜きます❷。
さらに [フィルター] → [フィルターギャラリー] → [ドライブラシ] ❸を適用します❹。

02 続けて [フィルター] → [フィルターギャラリー] → [塗料] ❺を適用し、写真から生っぽさを消していきます❻。

03 次に［レイヤー］→［新規調整レイヤー］→［レンズフィルター］ ❼ ❽ を適用し人物全体の色味をぼんやりさせます ❾。

04 できあがった ❾ を複製し、［レイヤーパネル］で［描画モード：オーバーレイ］として重ねます ❿。さらに、［フィルター］→［フィルターギャラリー］→［ラップ］⓫ を適用し、光沢感を出します ⓬。最後に［イメージ］→［色調補正］→［トーンカーブ］⓭ でコントラストを調整して、他の要素の上に載せたら完成です ⓮。

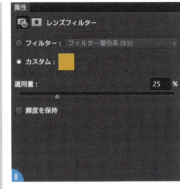

↓

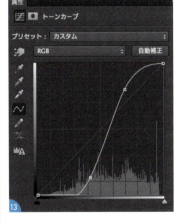

creator: Masaya Eiraku

№ 074

唇を赤く
メタリックなイメージにする

唇部分を選択し、［べた塗り］や［レイヤーモード：乗算］で赤を濃くし、［クロム］フィルターでつやを出します。

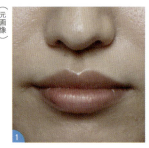

（元画像）

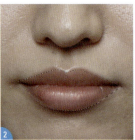

01 元の画像❶の唇部分のみをなげなわツールなどで選択します❷。選択範囲を ⌘（Ctrl）+ C、⌘（Ctrl）+ V でコピー＆ペーストします。［レイヤーパネル］で［描画モード：オーバーレイ］として重ねます❸。

02 次に、沿うように唇部分のみの選択範囲を作成した状態で、［レイヤー］→［新規塗りつぶしレイヤー］→［べた塗り］❹、レイヤーの［描画モード：乗算］で赤を濃くします❺。

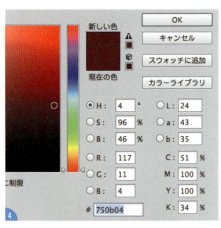

03 ここでこれまで作業した唇のレイヤーを選択して⌘＋クリック（右クリック）で［レイヤーを結合］を選びます。これを⌘（Ctrl）＋C、⌘（Ctrl）＋Vでコピー＆ペーストします。［フィルター］→［フィルターギャラリー］→［クロム］❻を適用します❼。

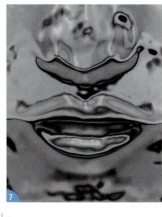

04 さらに、唇の範囲でレイヤーマスクを適用し❽、レイヤーの［描画モード：オーバーレイ］に変更します❾。さらに、［イメージ］→［色調補正］→［階調の反転］を適用し、光沢感を演出します❿。最後に［イメージ］→［色調補正］→［トーンカーブ］⓫で少し明るくして完成です⓬。

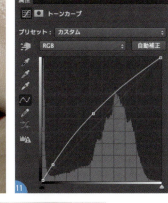

》手順02　唇部分のみの選択範囲を作るには、［ツールパネル］最下部の［クイックマスクモードで編集］ボタンを押し、［ブラシツール］で唇の周りをなぞります。もう一度、同じボタン（［画像描画モードで編集］）を押すと、選択状態に切り替わります。ブラシツールではみ出した場合は、［消しゴムツール］で消しましょう。

№ 075
肌をつるつるに修正する

肌の質感を抑え、ムラをなくして、
きれいな肌に修正してみましょう。

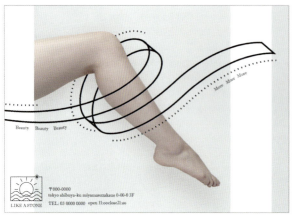

creator: Masaya Eiraku

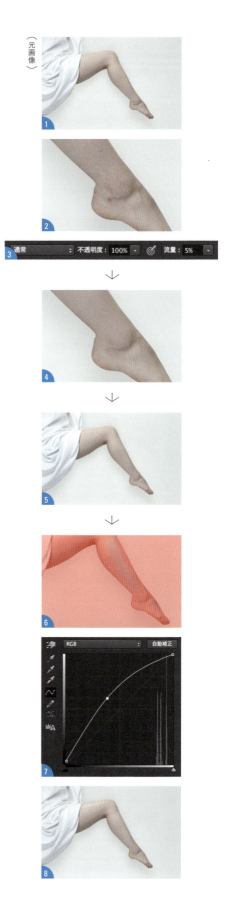

（元画像）

01　元の画像❶ですが、拡大して見ると❷のように肌の質感がリアルに出ていて、少しムラがあるように見えます。そこで簡易的に生肌感を抑える方法として［スタンプツール］を使用します。［スタンプツール］を選択し、ブラシ形状を「ソフト円ブラシ」、［流量：5%］とします❸。

02　次に、[Option]（[Alt]）＋クリックで近くの肌をこまめにサンプリングしながら肌をなぞっていきます。すると少しムラをならすことができ、結果、きれいに整って見えます❹。

03　注意点として、こまめにサンプリングし直すこと、立体感が損なわれないよう陰影に沿ってなぞっていくこと。またやりすぎないことも大事です。同様にすべての範囲をきれいにして完成です❺。

04　さらにきれいな印象にしたい場合は、❻のようにうっすらとした選択範囲を作成し、［トーンカーブ］❼で明るくすることでハイライトを表現し、光沢を演出する方法もあります❽。

№ 076

髪の一部分を
グラデーションカラーに変える

髪の一部分を流行りのグラデーションカラーに
変えてみましょう。

creator: Hayato Ozawa

(元画像)

↓

↓

↓

↓

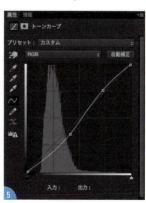

01　画像を開き、[なげなわツール] など選択ツールを使って色を変更したい箇所を大まかに選択します❶。

02　オプションバーにある「選択範囲の境界線を調整」の半径調節ツールを使い毛先の境目を塗りつぶしていきます❷❸。

03　選択が完了したら、レイヤーパネルの下部にある調整レイヤーの新規作成ボタンをクリックし、調整レイヤーから「色相・彩度」を選択し、スライダーを動かし好みの色に設定します。このままだと境目がくっきりしたままなので「色相・彩度レイヤー」のマスクをコマンドを押しながらクリックし、再度選択します。ブラシツールの [ソフト円ブラシ] や [グラデーションツール] を使い色の境目を滑らかにしていきます❹。(このときブラシの色は黒、不透明度100%に設定します。)

04　[トーンカーブ] や [色彩・彩度] などを使い、全体のトーンを調節して完成です❺❻。

creator: Hayato Ozawa

（元画像）

№ 077

白い背景を
カラフルでPOPに変える

白の背景の写真に
新しい要素やカラー、模様を合成します。

01　用意した画像❶から、人物のみを切り抜きます。［クイック選択ツール］等を使って人物画像だけを選択できたら、⌘（Ctrl）＋Xでカットし、新規レイヤーに貼りつけます❷。人物と背景のレイヤーに分かれました。

02　白の立体の画像を用意し❸、物と背景の画像に分けます。手順01同様に切り抜きを行い、背景をなくします❹❺。

03　人物と背景のレイヤーの間に、先ほど切り分けた立体の画像を配置します❻。［レイヤーパネル］で立体の背景レイヤーを［描画モード：乗算］にします❼❽。

04 人物の靴の色を変えましょう。人物の切り抜いたレイヤーを選択し［レイヤー］→［レイヤーを複製］で複製します。靴の形の選択範囲を作ったら、［レイヤーパネル］下部の［ベクトルマスクを追加］を選択します❾。［レイヤーパネル］で靴のサムネールを選択し直し、［イメージ］→［色調補正］→［色相・彩度］で、色相を変えます❿ ⓫。

05 背景の色を変えましょう。人物の背景の上に新規レイヤーを作成します。色を変える範囲を［クイック選択ツール］等で選択したら、［描画色］をピンクにし、［塗りつぶしツール］で画面クリックして塗りつぶします⓬。
［レイヤーパネル］で［描画モード：乗算］にします⓭。同様に半分は黄色にします⓮。

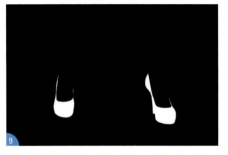

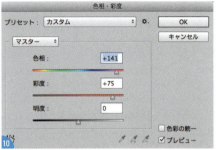

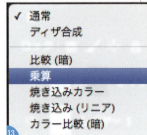

06 さらに模様をつけていきましょう。切り抜いた人物と切り抜いた立体の間に新規レイヤーを作成します。［長方形ツール］でツールオプションバーを［ピクセル］にして、［描画色：黒］にし、長方形を作成します⓯。

コピー＆ペーストを繰り返し、コピーしたレイヤーを［レイヤーパネル］ですべて選択したら、［移動ツール］のツールオプションバーで、［水平方向中央揃え］［垂直方向中央を分布］をクリックして⓰のようにしたら、［レイヤーパネル］のメニューで［レイヤーを結合］を選択します。［編集］→［自由変形］で形状を変えます⓱。このレイヤー上で、模様をつけたい立体の形に選択範囲を作ったら、［レイヤーパネル］下部［ベクトルマスクを追加］を押します⓲。［描画モード：乗算］にします⓳⓴。

07 新規レイヤーを作成し、色をつけたい立体の形に選択範囲を作ったら、［レイヤーパネル］下部［ベクトルマスクを追加］を押します㉑。［レイヤーパネル］左側のサムネールを選択し、［塗りつぶしツール］で色を変更します。［描画モード：乗算］にします㉒㉓。

08 新規レイヤーを作成し、ドット模様を作成しましょう（P271参照）。模様をつけたい立体の部分の形に選択範囲を作ったら㉔、ドットで塗りつぶします㉕。［イメージ］→［変形］→［ワープ］で円柱の形に合わせます㉖㉗㉘。［レイヤーパネル］下部［レイヤースタイル］→［カラーオーバーレイ］で色を変えます㉙㉚。他も同様に加工して完成です㉛。

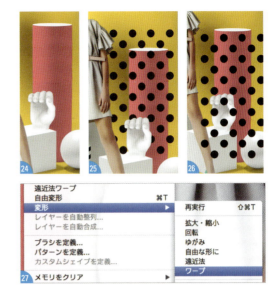

≫ 手順07 ［編集］→［自由変形］のショートカットは ⌘（Ctrl）+ T です。覚えておくと便利です。

№ 078

油彩で描いたような
タッチに加工する

フィルター加工によって、簡単に
油彩で描いた絵のようにしてみましょう。

（元画像）

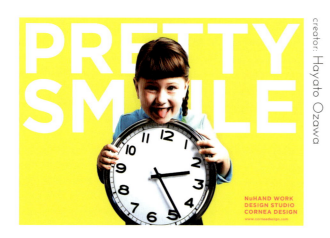

creator: Hayato Ozawa

01 写真をイラスト風のタッチに変更していきましょう。写真の人物 ❶ を切り抜いて ❷、レイヤーを選択し、［フィルター］→［表現手法］→［油彩］（CS6からの機能。CS6では［フィルター］→［油彩］。ただしCC2014には搭載されておらず、CC 2015.1リリースで再び導入されています）を選択します。［フィルター］→［アーティスティック］→［塗料］を選択し、［ブラシサイズ：4］［シャープ：3］［ブラシの種類：シンプル］に設定します ❸ ❹ ❺。

02 イラスト風にするために、目や歯などリアルさのある部分を塗りつぶします。先ほどのレイヤーをコピーし、［消しゴムツール］を選択して［不透明度：50%］に設定して塗りつぶしていきます ❻ ❼。

03 全体の深みを強くするために、レイヤー1をコピーし、[描画モード：ソフトライト] [不透明度：50%] に設定します❽❾。

04 エッジを強くしていきましょう。レイヤー1をコピーし、[フィルター] → [スケッチ] → [コピー] を選択します。❿ のように設定し、[描画モード：焼き込みカラー]、[不透明度：50%] に設定します⓫⓬⓭⓮。

05 メリハリをつけ、油彩の雰囲気を作っていきます。[レイヤーパネル] 下部の [レイヤーマスクを追加] ボタンで、[レベル補正] を選択し、設定します⓯⓰⓱。背景に色ベタを敷き、テキストや素材を追加して完成です⓲。

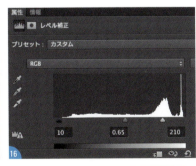

（元画像）

№ 079

普通の写真を
カラフルで奇抜なイメージに変える

階調の反転と着色でカラフルなイメージ写真にします。

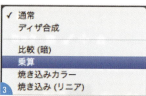

01　画像を用意します❶。［レイヤー］→［新規］→［レイヤー］で新規レイヤーを作成します。［描画色］を［黄色］にして、［塗りつぶしツール］で画面クリックします❷。［レイヤーパネル］で［描画モード：乗算］にします❸❹。人物のレイヤーを［レイヤー］→［レイヤーを複製］で複製し、［レイヤーパネル］で［描画モード：乗算］にします❺❻。少し人物のトーンを濃くしました。

02 ［レイヤー］→［新規調整レイヤー］→［階調の反転］を選択します❼❽。このとき［下のレイヤーを使用してクリッピングマスクを作成］のチェックは外しておいてください。

03 部分ごとに着色していきます。［レイヤーパネル］メニューで［新規グループ］を選びます。［クイック選択ツール］で腕の形の選択範囲を作成します。［レイヤーパネル］下部で［ベクトルマスクを追加］を押します❾❿。グループ内に、新規レイヤーを作成し、［ツールパネル］で［描画色：赤］で［塗りつぶしツール］で塗りつぶします⓫。［レイヤーパネル］で［描画モード：スクリーン］［不透明度：44％］にします⓬⓭。このレイヤーの上に、新規レイヤーを作成し、ピンクで塗りつぶします。［描画モード：乗算］にします⓮⓯。

↓

04 ⓐ同様にスカートやTシャツ部分等にも選択範囲を作ってマスクにし、色を変更していきましょう。［描画モード］や［不透明度］を変化させて、バランスよい色合いにしましょう⓰⓱。

05 ［レイヤーパネル］メニューで［画像を統合］を選びます。画像のノイズをとって滑らかな画像にしましょう。［フィルター］→［ノイズ］→［ノイズの軽減］を選択します⓲⓳。最後に文字を置いて完成です⓴。

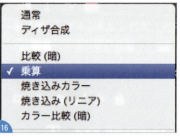

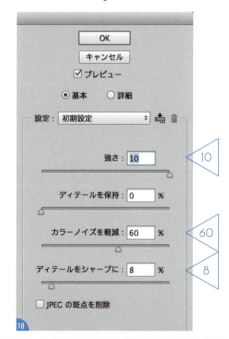

creator: Hayato Ozawa

(元画像)

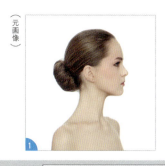

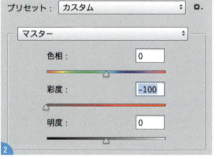

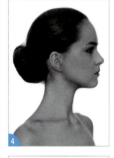

№ 080

人物の写真の中に風景を入れる

[描画モード：スクリーン]を使って
人物のシルエットに風景を合成します。

01　画像を用意します❶。[イメージ]→[色調補正]→[色相・彩度]で彩度を落とします❷（背景が白以外の場合は切り抜いて白背景にしてください）。

02　人物を暗くしていきます。[レイヤーパネル]メニューで[レイヤーを複製]をクリックし、[描画モード：乗算]にします❸❹。ちょうど良い暗さになるまでこの作業を3回ほど繰り返します❺❻❼。

03 風景写真を用意し、[ファイル]→[配置]で画像を選んだら、Enterキーで配置します❽。[レイヤー]→[ラスタライズ]→[スマートオブジェクト]を選び、色調補正できるようにします。[イメージ]→[色調補正]→[色相・彩度]で彩度を落とします❾。[レイヤーパネル]で[新規グループ]を作成し、風景写真をその中に入れます❿。グループの[描画モード：スクリーン]にします⓫。この風景写真を複製し、[描画モード：乗算]にします⓬。ちょうど良い暗さになるまでこの作業を繰り返します⓭。グループ内の一番上に、[レイヤー]→[新規調整レイヤー]→[明るさ・コントラスト]で調整します⓮。

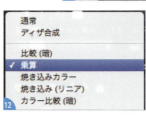

04 全体をグレーのトーンにしていきます。最前面にグレーの新規レイヤーを作成し、[描画モード：乗算][不透明度：30%]にします⑮⑯⑰。グレーのレイヤーを複製し、[描画モード：通常][不透明度：29%]にして色をやや強め、文字を入れて完成です⑱⑲⑳。

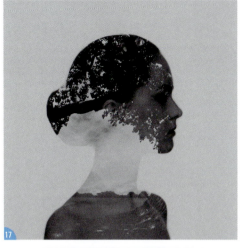

creator: Hayato Ozawa

№ 081

POPアート風に仕上げる

ハーフトーンパターンフィルターで
POPな雰囲気が出せます。

01 用意した人物画像を開き❶、［イメージ］→［色調補正］→［色相・彩度］で彩度を下げます❷。［クイック選択ツール］で人物を選択し、⌘（Ctrl）+ C、⌘（Ctrl）+ V で切り抜きます❸。

02 ［フィルター］→［スケッチ］→［ハーフトーンパターン］を選択し、ドット風に加工していきます❹。ここでは［サイズ：1］［コントラスト：35］［パターンタイプ：点］に設定します❺❻。

03 新規レイヤーを作成し、［ペンツール］や［クイック選択ツール］を使って選択し、［塗りつぶしツール］で着色します❼。［レイヤーパネル］で［描画モード：乗算］にして完成です❽❾。

（元画像）

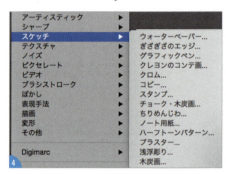

№︎ 082
簡単にミニチュア風に加工する

チルトシフトフィルターで簡単に
ミニチュア風に加工することができます。

creator: Hayato Ozawa

（元画像）

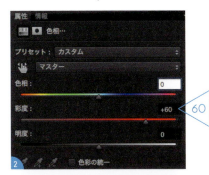

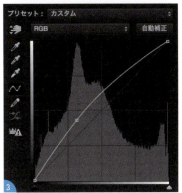

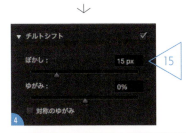

01　加工したい画像を開きます❶。

02　［レイヤー］→［新規調整レイヤー］→［色相・彩度］で［彩度］をアップさせます❷。［レイヤー］→［新規調整レイヤー］→［トーンカーブ］で、ラインを引き上げ、コントラストを上げます❸。彩度やコントラストが高いほうがミニチュアっぽさを出すことができます。

03　［フィルター］→［ぼかし］→［チルトシフト］で周辺をぼかして完成です❹❺。（CS5以前の場合は、画像周辺部を選択して、選択範囲の境界線をぼかします。［フィルター］→［ぼかし］→［ぼかし（レンズ）］をかけます）。

creator: Hayato Ozawa

（元画像）

№ 083

色つきの光が当たっているような イメージを作る

人物を切り抜き、レイヤーの描画モードを調整することで、色つきの光のイメージを作ってみましょう。

01 元画像を開きます❶。人物を切り抜き、ベースのイメージを作っていきましょう。[クイック選択ツール]などで選択範囲を作ったら、[境界線を調整]で、きれいに切り抜いた選択範囲を作り❷、配置します❸。次に切り抜いたレイヤーの下に新規レイヤーを作り❹、[描画色：グリーン]にし❺、[塗りつぶしツール]でクリックします。このレイヤーは[レイヤーパネル]で[描画モード：焼き込み（リニア）]に設定します❻❼。

02　陰影を強調するために、[レイヤーパネル]下部[塗りつぶしまたは新規調整レイヤーを新規作成]をクリックし、[露光量]を選び❽、数値を❾のように設定します❿。さらに人物の陰影と背景のトーンを合わせるために、人物レイヤーを選択したら、[イメージ]→[色調補正]→[レベル補正]⓫で調整します。このレイヤーをコピーし⓬、レイヤーマスクを作成して（P269）⓭⓮、必要な部分以外を塗りつぶして消していきます⓯。

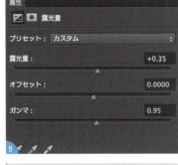

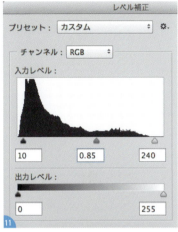

03 色つきの光を演出していきましょう。新規レイヤーを作成し、[描画モード：カラー] に設定して明るめの緑に全体を塗りつぶします⓰⓱。[レイヤーマスク] を設定し、光が当たっている部分を残し、他を塗りつぶして消していきます⓲⓳⓴。[描画色：黒] にし、[ブラシツール] で塗っていきます㉑。

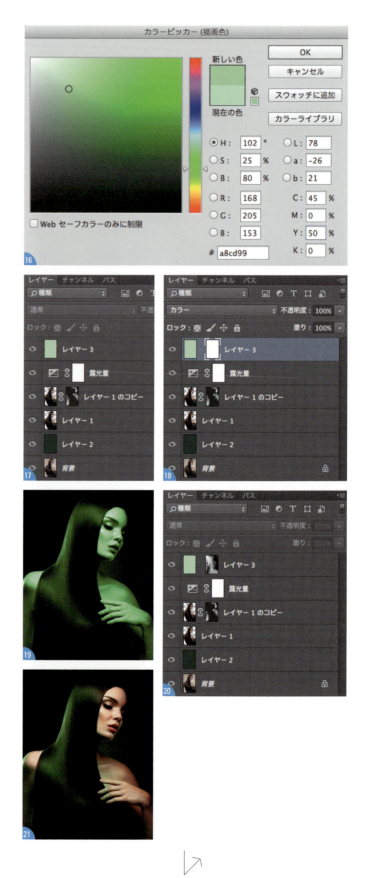

04 光の入りを整えます。新規レイヤーを作成し㉒、より光が当たっているところを、[描画色：白][ブラシツール]でわずかに塗ります㉓。[描画モード：オーバーレイ]に設定します㉔㉕。さらに同じように新規レイヤーを作成し㉖、白く光らせたい部分を塗り㉗、[描画モード：通常]のままにしておいて㉘、レイヤーマスクを作成し㉙、余分な部分は消していきます㉚。

05 新規調整レイヤーを作成し③、[自然な彩度]を㉜のように設定します㉝。さらに新規調整レイヤー［露光量］を作成し㉞、㉟のように設定し㊱、レイヤーマスクで不要な部分を消していきます㊲。

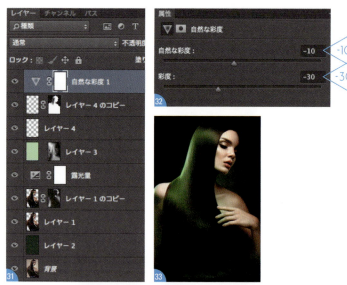

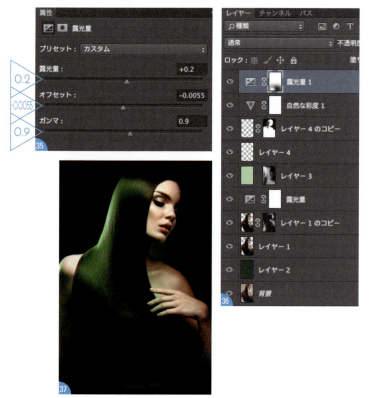

06 背景の光の入り方を調整します。最初に作成した、緑の背景レイヤーにレイヤーマスクを作成し ㊳、髪の周辺を薄く消していき ㊴、光のフレアを作って完成です ㊵。

№ 084

POPな背景と人物が溶け合ったようなデザイン

人物と服を分けて切り抜き、
マスクをかけて背景となじませていきます。

creator: Hayato Ozawa

（元画像）

01 加工したい画像を開きます❶。まずは人物の切り抜きをしていきましょう。［クイック選択ツール］や［マグネット選択ツール］等で選択します。髪の毛等の細かい箇所は、［ツールオプションバー］の［境界線の調整］を押して、細かく選択範囲を指定し、［出力］で「新規レイヤー（レイヤーマスクあり）」を選択しOKを押します❷❸❹。

02 カラフルな迷彩の背景を用意します❺。その上に先ほど切り抜いた人物を、⌘（Ctrl）+ C でコピーし、⌘（Ctrl）+ V で貼りつけます❻。
今回は着ているTシャツを背景になじませたいので先ほどと同じ要領でTシャツだけと人物だけのレイヤーに分け、それぞれにマスクをかけます❼❽（P269参照）。

03 マスクをかけたTシャツのレイヤーに［調整レイヤー］→［レベル補正］を選択し、Tシャツの陰影を強くしてTシャツに立体感を出していきます❾❿⓫。そして［レイヤーパネル］の［描画モード：焼き込み（リニア）］に設定すると背景に溶け込んだようになります。

04 最後に人物のレイヤーの下にブラシで影をつけ、全体の［明るさ・コントラスト］を整えたら完成です⓬⓭。

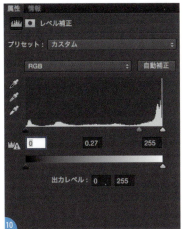

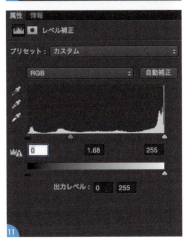

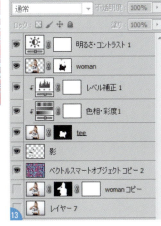

>> 手順02　細かい部分はレイヤーマスクサムネールを選択し、［ブラシツール］を使って整えていきます。

着ている服に色がついている画像を加工する場合は［色相・彩度］を選択し、彩度を「－100」に設定しましょう。

creator: Hayato Ozawa

№ 085

2枚の写真を合成した
アーティスティックなフライヤー

2枚の角度違いの写真を、1枚の画像の中に入れて動きをつけます。

（元画像）

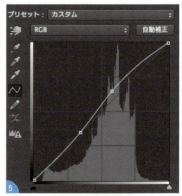

01 角度違いの写真を2枚用意します❶❷。新規ファイルを作成し、開いた写真を⌘（Ctrl）+ C でコピーし、⌘（Ctrl）+ V でペーストします。同様にもう一枚もペーストします。［レイヤーパネル］で［不透明度：50％］程度にして大きさや位置を調整しましょう。

02 色味を合わせましょう。［クイック選択ツール］や［マグネット選択ツール］で人物の写真の選択範囲を作成したら、［イメージ］→［色調補正］→［色相・彩度］と、［トーンカーブ］で調節します❸❹❺❻。

03　斜線を作成していきましょう。新規レイヤーを作成し、[ツールパネル] で [描画色：白] にし、[長方形ツール] で長方形を作成します❼❽。[移動ツール] で ⌘ ([Ctrl]) + [Alt] を押しながら右に移動させると、レイヤーが複製されます。これを画面いっぱいになるまで繰り返したら、[レイヤーパネル] で [Shift] キーを押しながら複製したレイヤーを選択し、[移動ツール] オプションバーで [垂直方向中央揃え] [水平方向中央を分布] を押し、上下左右を均等にします❾。[レイヤーパネル] メニューで [レイヤーを統合] (⌘ ([Ctrl]) + [E]) を押します。[編集] → [変形] → [回転] で45度傾けます❿⓫。

04　マスクをかけましょう。先ほど作成した白線の選択範囲を作ります。[選択範囲] → [色域指定] で選択したら、白線のレイヤーは削除します⓬。次に、[レイヤーパネル] 下部 [レイヤーマスクを追加] をクリックします⓭。

［レイヤーパネル］でこのリンクを外し、人物の位置を調整します⑭。［不透明度］を元に戻します⑮。

05 色調整をしましょう。［レイヤー］→［新規調整レイヤー］→［カラールックアップ］（CS6以降の機能）を作成し⑯、［filmstock_50.3dl］［不透明度：30％］にします⑰ ⑱ ⑲。文字を載せたら完成です⑳。

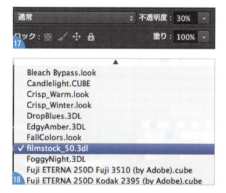

>> 手順01　サイズが合わない場合は、⌘（Ctrl）+ T（［編集］→［自由変形］）で調整しましょう。

>> 手順03　図形を均一に揃えたいとき、［移動ツール］オプションバーで［垂直方向中央揃え］［水平方向中央を分布］を押します。揃えたい図形がすべて選択されていることを確認してから行いましょう。

(元画像)

№ 086

文字の間に人物を入れ込んだデザイン

レイヤーとマスク機能を使って、
見え方をコントロールしましょう。

01 画像を開きます❶。［イメージ］→［色調補正］→［色相・彩度］で彩度を落とします❷。人物のみを［クイック選択ツール］等で選択したら、⌘（Ctrl）+ C でコピーし、⌘（Ctrl）+ V で貼りつけます❸。

02 文字を配置します。［ツールパネル］で［描画色］をグレーにし、［文字ツール］で「W」を入力します❹。「Y」の文字も同様に作成します❺。別々のレイヤーになっているか確認してください。［レイヤーパネル］で「W」レイヤーと新規レイヤーを選択し、［レイヤーパネル］メニューで［レイヤーを結合］を選びます。ここで背景を表示させます❻。

03 文字の色味を調整しましょう。[レイヤー]→[レイヤースタイル]→[カラーオーバーレイ]で色を調整します❼❽❾。

04 文字と人物を絡ませましょう。文字のレイヤーを複製したら、最前面に配置します❿。人物より上にしたい部分を、[多角形選択ツール]で選択し⓫、[レイヤーパネル]下部の[レイヤーマスクを追加]をクリックしマスクをかけます⓬。Yについても同様に処理します⓭⓮。

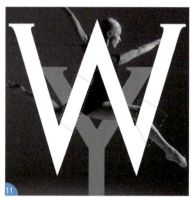

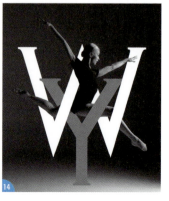

05 影をつけてクオリティを上げましょう。新規レイヤーを作成し、人物の画像の形に選択範囲を作成し、黒く塗りつぶします⓯。

人物の下にレイヤーを移動し、下にずらす⓰。[フィルター]→[ぼかし]→[ガウス]をかけます⓱⓲⓳。文字の形にマスクをつけ⓴、よけいなところもマスクで消し㉑、最後に文字を載せたら、完成です㉒㉓。

≫ 手順01　作業をわかりやすくするため、[レイヤーパネル]で[背景]レイヤーは非表示にしておきましょう。

creator: Hayato Ozawa

（元画像）

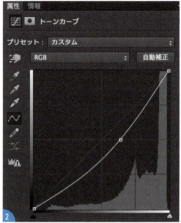

№ 087

画像を2枚重ねた動きのあるデザイン

写真を2枚重ねて色も変えることで変化をつけます。

01　画像を用意し❶、少し暗くします。［イメージ］→［新規調整レイヤー］→［トーンカーブ］でカーブを少し下げます❷。

02　赤みがかった画像にします。［レイヤー］→［新規］→［レイヤー］で新規レイヤーを作成し、［描画色：赤］にしたら［塗りつぶしツール］で画面クリックします❸。［レイヤーパネル］で［描画モード：スクリーン］［不透明度：80％］にします❹❺。

03 　今度は別の画像を用意し、青っぽく加工します。別画像を開いたら、⌘（Ctrl）+ C でコピーし、⌘（Ctrl）+ V で先ほど作った画像の上に配置します❻。［イメージ］→［色調補正］→［色相・彩度］で彩度を落とします❼。
このレイヤーを［レイヤー］メニュー［レイヤーを複製］でコピーしたら、［描画モード：乗算］［不透明度：64％］にします❽❾。［レイヤー］→［新規調整レイヤー］→［明るさ・コントラスト］で❿のように設定します⓫。［レイヤー］→［新規］→［レイヤー］で新規レイヤーを作成したら、描画色：青にし、［塗りつぶしツール］で画面クリックします⓬。［描画モード：スクリーン］にします⓭⓮。

04 これらの画像レイヤーを［レイヤーパネル］メニューで［レイヤーからの新規グループ］を選択し、［描画モード：乗算］にします⑮⑯。

05 ［レイヤー］→［新規］→［レイヤー］で新規レイヤーを作成して、［文字ツール］で文字や飾り枠を配置し⑰、［レイヤー］→［新規調整レイヤー］→［トーンカーブ］で色を調整したら完成です⑱⑲。

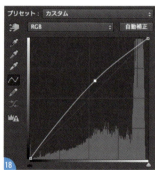

(7章)

Food, Goods, Nature

フード・グッズ・ネイチャー

（元画像）

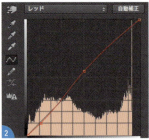

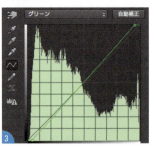

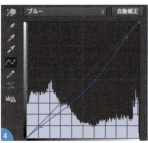

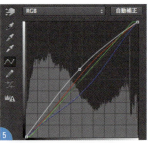

№ 088

食べ物をおいしそうに見える色味に調整

調整レイヤーで、明るく補正し、赤みをプラスします。

01 　元画像❶に［レイヤー］→［新規調整レイヤー］→［トーンカーブ］❷❸❹❺を適用します❻。

02 さらに［レイヤー］→［新規調整レイヤー］→［色相・彩度］❼を適用し、暗く沈んだ写真を明るくしつつ、赤みを増し色鮮やかにしています❽。

03 ここで、もう一度［レイヤー］→［新規調整レイヤー］→［トーンカーブ］❾で写真の暗い部分を明るくしていきます。❿だと全体に適用されてしまっているので、新規レイヤーマスクをトーンカーブに適用し、［ブラシツール］を使用しながら、明るくしたいところ以外は塗りつぶして⓫、完成です⓬。

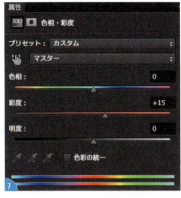

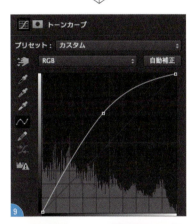

>> 手順02　食べ物の写真は暖色系にもっていくとおいしく見えます。

№ 089

食べ物の写真を
イラスト的な表現にする

写真をイラスト的な表現にして、雰囲気良く仕上げてみましょう。
メニューなどのカットイラストとしても使えます。

creator: Toshiyuki Takahashi (Graphic Arts Unit)

（元画像）

01　今回は、さまざまなフィルターで加工した画像を合成していくので、あらかじめ元画像❶を複製しておきましょう。⌘（Ctrl）+Jキーで［背景］をレイヤーとして複製します。複製したレイヤーは、名前を［ぼかし］としておきましょう❷。

02　［ぼかし］レイヤーを選択し、[フィルター]→[ぼかし]→[ぼかし（ガウス）]を選択し、［半径：3.0pixel］程度で画像をぼかします❸❹。元画像の大きさによってぼかしの適切な半径は変わるので、図に近い程度にぼかしがかかるように、数値を調整しましょう。

02　［ぼかし］レイヤーを複製し、レイヤー名を［ブラシタッチ］に変更します❺。

このレイヤーを選択し、[フィルター]→[フィルターギャラリー]を選択して[アーティスティック]の[カットアウト]のエフェクトを選択します。パラメーターは、[レベル数：8]、[エッジの単純さ：0]、[エッジの正確さ：3]にして実行します❻。階調を段階的に塗り分けたようなイメージになりました❼。

04　続けて、[フィルター]→[ノイズ]→[ダスト&スクラッチ]を選択し、[半径：10pixel]で実行します❽。階調の境界が滑らかになりました。この半径も元画像の大きさによって適切な値が変わるので、図を見ながら適宜調整しましょう❾。レイヤーを[描画モード：スクリーン]に変更し、[ぼかし]レイヤーの画像と合成します❿⓫。

05　[背景]を選択し、⌘（Ctrl）+Jキーでレイヤーとして複製し、レイヤー名を[ディティール]に変更します⓬。[ディティール]レイヤーを選択し、[レイヤー]→[重ね順]→[最前面へ]を実行し、重なりを最前面にします⓭。

06 ［ディティール］レイヤーを選択した状態で、［フィルター］→［その他］→［ハイパス］を［半径：10.0pixel］で実行します⓮ ⓯。続けて、［フィルター］→［シャープ］→［アンシャープマスク］を選択し、［量：200%］、［半径：5.0pixel］で実行します⓰ ⓱。ハイパス、アンシャープマスクとも、元画像の大きさによって半径の適切な値が変わるので、図を見ながら適宜調整しましょう。

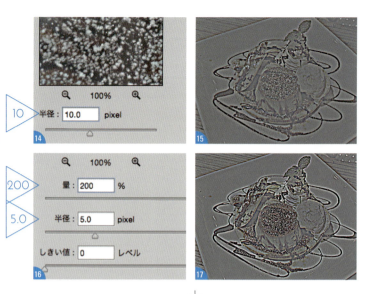

07 ［ディティール］レイヤーを［描画モード：オーバーレイ］に変更し⓲、下の画像と合成します。写真がイラスト風の雰囲気になりました⓳。

08 全レイヤーを統合した画像をコピーし、クラフト紙などのテクスチャ画像の上にペーストして⓴、［描画モード：乗算］で合成すれば㉑、より雰囲気が高まります㉒。余分な範囲は、［消しゴムツール］やレイヤーマスクなどを使って削除しておくといいでしょう㉓。

ONE POINT technique

最初にレイヤーを複製したとき、［フィルター］→［スマートフィルター用に変換］を実行してスマートオブジェクトへ変換しておくと、［ぼかし］、［ダスト＆スクラッチ］、［ハイパス］、［アンシャープマスク］の半径などを、あとから変更することができます。

№ 090

色の悪い画像をシズル感がある
おいしそうな画像に変える

焼き立てのようにおいしそうな雰囲気を出すために、
暖色系の画像にしてみましょう。

（元画像）

creator: Hayato Ozawa

01 画像を開き❶、[クイック選択ツール]で選択したら、⌘（Ctrl）
+ C でコピー、⌘（Ctrl）+ V でペーストします❷。[レイ
ヤー]→[新規]→[レイヤー]で新規レイヤーを作り、[描画色]
を[パステルイエローオレンジ]にし、[塗りつぶしツール]で
塗りつぶしたレイヤーを作ります❸。
切り抜いたレイヤーをもうひとつコピー&ペーストし❹、[フィ
ルター]→[アーティスティック]→[ラップ]を選択し、❺の
ように設定します。[レイヤーパネル]で[描画モード：ソフトラ
イト]にします❻❼。暗くなりすぎたところは、レイヤーマスク
（P269参照）を作成して消していきます❽❾。

02　照り感を出していきましょう。[レイヤー]→[新規]→[レイヤー]で新規レイヤーを作成します❿。パンのハイライト部分（光が強く当たっている場所）を白の[ブラシツール]でごくわずかに着色します⓫。[描画モード：オーバーレイ]に設定します⓬。

03　沈んだ色をおいしそうに変えていきましょう。新規レイヤーを作成し、[レイヤーパネル]下部の[塗りつぶしまたは新規調整レイヤー]で[カラーバランス]を選択します⓭。[中間調]の数値を、暖かみのあるものに変えます⓮⓯。

04 さらに雰囲気を出しましょう。新規レイヤーを作成し、［レイヤーパネル］下部の［塗りつぶしまたは新規調整レイヤー］で［自然な彩度］を選択したら⑯、数値を設定します⑰⑱。

05 焼き立てのような、シズル感を作りましょう。新規レイヤーを作成し、［レイヤーパネル］下部の［塗りつぶしまたは新規調整レイヤー］で［露光量］を選択し、数値を設定して完成です⑲⑳㉑㉒㉓。

creator: Hayato Ozawa

№ 091

イラスト素材を使って
ラテアートを合成する

イラスト素材を合成用に加工し、
ラテアートで描いたように見せます。

（元画像）

↓

01　背景となるコーヒーの画像を開いておきます❶。イラスト素材を用意し❷、ラテアートにしたい部分を［クイック選択ツール］等で選択し、⌘（Ctrl）＋Cでコピーしたら、コーヒーのほうの画像に、⌘（Ctrl）＋Vでペーストします。⌘（Ctrl）＋Tでサイズを合わせます❸。

02　イラストを合成用に加工しましょう。［描画色：濃い茶色］［背景色：白］に設定します。［フィルター］→［スケッチ］→［コピー］を選択します。数値を❹のように設定します❺。余分なラインを白の［塗りつぶしツール］で消していきます❻。さらに、その白の部分を極力白が残らないように［消しゴムツール］で消します❼。

03 ラテアートのベースを作成していきましょう。イラストのレイヤーを［描画モード：焼き込みカラー］にします❽❾。［レイヤー］→［レイヤースタイル］→［光彩（外側）］を選択し❿、カラーピッカーの数値を⓫のように設定します。効果数値を⓬のように設定し、濁りとなるフィルターを作成します。

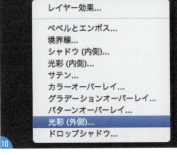
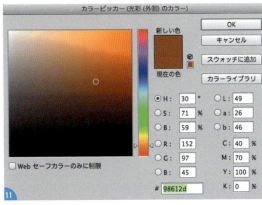
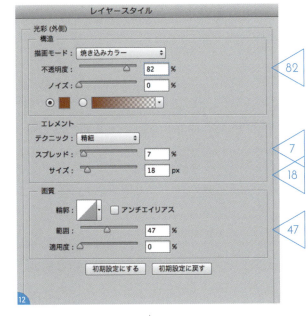

04 次に同じく［レイヤースタイル］→［ベベルとエンボス］を選択し⓭、数値を⓮のように設定し、わずかに凹凸感を演出します⓯⓰。さらに［フィルター］→［ぼかし］→［ぼかし（ガウス）］を選択し、数値を⓱のように設定します⓲。

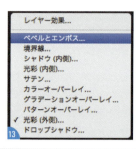

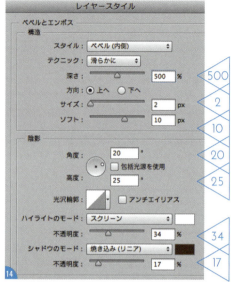

05 続けてこのレイヤーをコピーして、[描画モード：ソフトライト] に設定します ⓲ ⓳。さらに、最初のイラストのレイヤーをコピーして、[フィルター] → [スケッチ] → [ちりめんじわ] を選択します。数値を㉑のように設定し、[描画モード：焼き込みカラー] になっていることを確認したら㉒㉓、イラストのレイヤーをすべて選択し、⌘（Ctrl）+ T で描画を回転させて、動きをつけて完成です㉔。

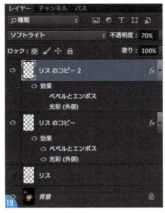

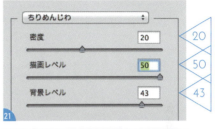

№092

街角スナップを
オシャレな色味に変える

写真を焼けたような色味にして、雰囲気をアップさせてみます。

（元画像）

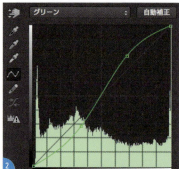

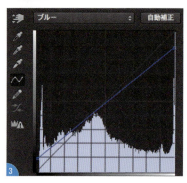

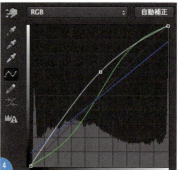

01　元画像❶を開き、［イメージ］→［色調補正］→［トーンカーブ］で❷❸❹を適用し、画像を全体的に明るくかつ、ハイライト部分のみ緑味を強く出すように調整します。少し、焼けたような色味にしました❺。

02 さらに、［レイヤー］→［新規調整レイヤー］→［レンズフィルター］❻❼で、全体的に緑味をプラスします❽。

03 最後に［レイヤー］→［新規調整レイヤー］→［色相・彩度］❾で一部赤みを戻し、彩度を少し落とすことで生っぽさを軽減させて完成です❿。

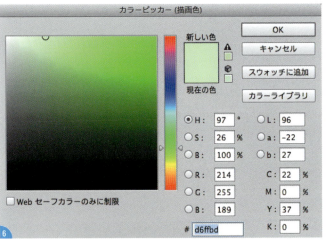

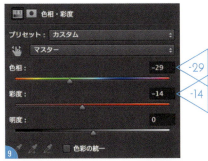

写真便り 33/365

福岡タワー

夏の日差しがな儚しく、その時は巡り来る細め切りからなぜせわしなく町内を移動していたからかひどく汗をかいていた。当時の自分は様々な町の景色や造形物を撮影し再構築するようなな手法にハマっておりの他人が普段気にしないような造形物であろうそれを探すことに躍起になっていた。しかしながら、他人と違う視点ということは自分も素通りする訳ではないがうに作業ははかどらず、自分の無限なる思いからかり作業ははかどらず、自分の好きがもばヤヤになり、海で撮ろうと思った訳ではなかったが、海岸へとやって来た群であり、海岸と海の境界線辺りで撮影しようとしたがどうやらタワーが人って来を観ていると思ったより大きなタワーが見えとう思った。いわ、自分の納得のいく写真の絞もをを見ようと急いで帰るためる最寄り写真は撮影の為の駐車場まで行ったわけだがそれは観光客で見た目にキャッチーで京都タワーのように特徴的な造形をしているとわけだがふと考えが浮かんだとしたところであれが、普段通りな写真を撮っているが、これは観光客でないな撮影しないというがいわゆる「他人の撮らない、撮りたいのがやりに思いがある」とを思う、ということになり、僅かに氾濫しながら撮影を行い、ザツと切り取るのがが普段気にしない撮影の所作であるサリとができるのかとも思うが、気付けばそのままた切り取るのだが結局自分はタワーを向き合い、その日だが結局引退募るだけだった。

creator: Masaya Eiraku

（元画像）

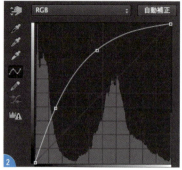

№ 093

逆光写真を簡単に修正する

レイヤーマスクをかけて、
その部分ごとに明るさを調整します。

↓

↓

01　元の画像❶の建物が逆光で暗くなっているので、明るくしたいと思います。まず、全体を［レイヤー］→［新規調整レイヤー］→［トーンカーブ］❷でザックリと明るくします❸。

02　次に、トーンカーブにマスクレイヤーを追加し、建物だけにトーンカーブが適用されるよう、ブラシツールを使用してマスクを塗りつぶしていきます❹❺。

03 このままでは違和感があるのでさらに［レイヤー］→［新規調整レイヤー］→［トーンカーブ］❻を作成し、マスクレイヤーで今度は空の部分のみに適用されるようにします❼❽。

04 最後に全体の色味などを［イメージ］→［色調補正］→［トーンカーブ］❾で整えて完成です❿。

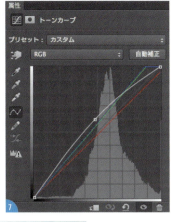

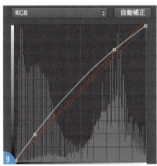
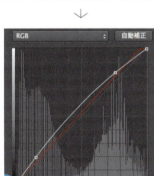

≫ 手順02　レイヤーマスクについてはP269を参照してください。

この作例でも生じてしまっていますが、やりすぎると写真の粒子が目立ってきてしまうので加減が大切です（ちなみに、作例は強引に明るくした例です）。

№ 094

おもちゃの写真を
レトロでポップな印象に

画像を切り抜き、べた塗り背景の上に重ねます。[トーンカーブ]と
[色相・彩度]を調整し、[粒状]フィルターを適用します。

（元画像）

01　元写真❶を開き、[自動選択ツール]等を使用しておもちゃの部分だけを選択したら、⌘([Ctrl])+[C]、⌘([Ctrl])+[V]で切り出します❷❸。

02　[レイヤー]→[新規塗りつぶしレイヤー]→[べた塗り]❹を作成し、おもちゃのレイヤーを上に移動させます（恐竜の恐竜の位置も同時に調整しています）❺。

creator: Masaya Eiraku

03 次に［レイヤー］→［新規調整レイヤー］→［トーンカーブ］❻❼を適用し、暗部周辺の赤みを強くします❽。さらに［レイヤー］→［新規調整レイヤー］→［色相・彩度］❾で彩度を上げます❿。

04 最後に［フィルター］→［フィルターギャラリー］→［粒状］⓫を適用し、写真を少し粗くして完成です⓬。

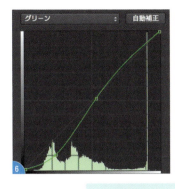
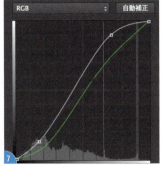

№ 095
普通の風景写真を印象的に変える
選択範囲を作成してマスクを作り、部分ごとに調整していきます。

creator: Masaya Eiraku

（元画像）

01　元画像❶のように、シャドウが濃く、ハイライト部が浅い写真をはっきりさせていきたいと思います。まず最初に、手前の影になっている部分を［自動選択ツール］を用いてザックリ選択します❷。

02　元画像を⌘（Ctrl）+ C、⌘（Ctrl）+ V でコピー＆ペーストしたら、レイヤーマスクを適用、レイヤーの［描画モード：スクリーン］に変更して重ねます❸。このままでは境界線がはっきりしすぎなので、レイヤーパネルのマスクのみを選択し、［消しゴムツール］や［ブラシツール］で境界をなじませていきます❹。そうすることによって影になった部分を少し明るくします❺。

03　次に、影部分に合わせて、その他の部分のコントラストを調整したいので、さらに元画像を複製し、先ほど作成したマスクで選択範囲を作成したあと、［選択範囲］→［選択範囲を反転］し❻、レイヤーマスクを適用、［レイヤーパネル］で［描画モード：ソフトライト］として重ねます❼。

04 ここでこれまでのすべてのレイヤーを、[レイヤー]→[レイヤーを結合]で統合し、[イメージ]→[色調補正]→[シャドウ・ハイライト] ❽ を適用し全体的にコントラストをハッキリさせます ❾ ❿。

05 次に、⓫ のような選択範囲を[グラデーションツール]を用いて作成し、トーンカーブ ⓬ ⓭ ⓮ ⓯ を適用し写真の色味を調整します ⓰。こうすることでだいぶ明るい雰囲気に修正することができました。

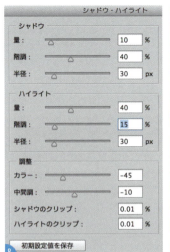

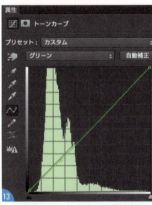
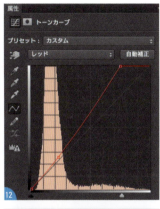
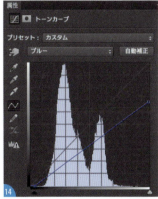
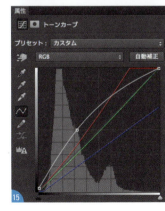

06 さらに画像全体の色味を調整するために［レイヤー］→［新規調整レイヤー］→［トーンカーブ］⓱ ⓲ ⓳ ⓴ を適用します㉑。続けて、［レイヤー］→［新規調整レイヤー］→［特定色域の選択］㉒ によって、空との境界付近の色の浅い部分の青を鮮やかにします㉓。

07 さらに、㉔のような選択範囲を作り、［レイヤー］→［新規調整レイヤー］→［色相・彩度］㉕を適用し、彩度を調整して完成です㉖。

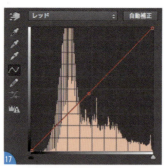
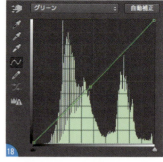
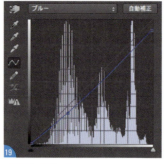
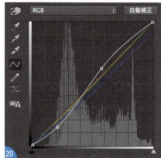

№ 096

風景写真を
幻想的な雰囲気に変える

[ブラシツール]でカラフルな色のベースを作り、
ソフトな色で重ねます。

(元画像)

creator: Masaya Eiraku

01 　元画像❶に［イメージ］→［色調補正］→［HDRトーン］❷を
適用します❸。
　次に、太陽の光が象徴的な写真❹を用意し、⌘（Ctrl）+ C、
⌘（Ctrl）+ V で重ね、［描画モード：比較（明）］にします
❺。太陽の光以外は余分なのでレイヤーマスクや［消しゴムツー
ル］を用いて消します❻。

02 次に［レイヤー］→［新規］→［レイヤー］（黒で塗りつぶし）を作成し❼、［フィルター］→［描画］→［逆光］❽を適用し、逆光を作成します❾。

03 さらにレイヤーの［描画モード：スクリーン］とし、先ほど追加した太陽の光と同じ位置に配置します❿。

04 ここで［レイヤー］→［新規調整レイヤー］→［色相・彩度］⓫で全体的に色味を紫方向へ調整し、きれいな色味を目指します⓬。

05 次に［レイヤー］→［新規］→［レイヤー］で新規透明レイヤーを作成し、［ブラシツール］で［ソフト円ブラシ］プリセット設定⓭して、ランダムな色で塗りつぶします⓮。

06 できあがった⓮に［フィルター］→［ぼかし］→［ガウス］⓯を適用し色面がやわらかくなるようにぼかします⓰。

07 続けてレイヤーの［描画モード：ソフトライト］とし重ね、全体的にカラフルな色味になるように調整します⓱。

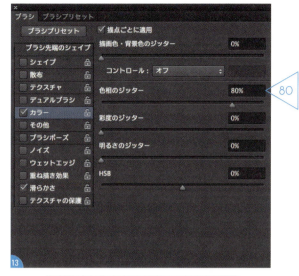

08 次にこれまでのすべてのレイヤーを複製&統合し、［フィルター］→［ぼかし］→［ガウス］⓲ ⓳を適用し、［描画モード：比較（明）］で重ねることで全体をふんわりとした光で包み込んだような演出を施します⓴。最後に［レイヤー］→［新規調整レイヤー］→［トーンカーブ］㉑で少し、写真の暗部をシメて完成です㉒。

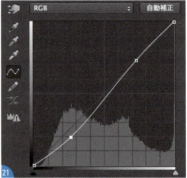

№ 097

物撮り写真を
クールにかっこよく仕上げる

画像を複製して重ねて描画モードを［オーバーレイ］に、
さらに調整レイヤーで色味を変更します。

01　元画像❶を複製し、［レイヤーパネル］で［描画モード：オーバーレイ］として重ねます。コントラストを強め、ハッキリとした写真になります❷。

02　次に［レイヤー］→［新規調整レイヤー］→［トーンカーブ］❸
❹❺❻で黄色味の強かった写真を青方向へ変更しつつ、暗部を強めます❼。

03　最後に［レイヤー］→［新規調整レイヤー］→［色相・彩度］❽
で彩度を少し落として完成です❾。

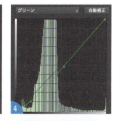

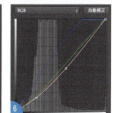

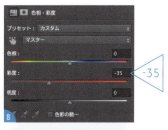

№ 098

「宙玉」風に加工する

今人気の「宙玉」風加工です。透明球の中に映り込んだ光景を魚眼効果とぼかしで再現します。

creator: Norio Isayama

（元画像）

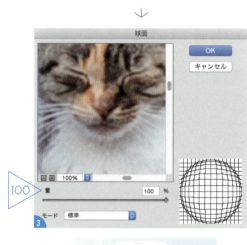

01　まず背景の素材を作りましょう。背景となる元画像を開きます❶。「宙玉」の場合、背景は天地が逆になるので、［イメージ］→［画像の回転］→［180°］を選択します。［ファイル］→［別名で保存］を選択し［素材1］とします❷。

02　透明球に映り込んだイメージを作成します。元写真を再度開きます。透明球で際立たせたい中心部を、［ツールパネル］の［切り抜きツール］で、Shiftキーを押しながら、正方形に切り抜きます。次に［フィルター］→［変形］→［球面］を選択し、［量：100%］で適用します❸❹。［楕円形選択ツール］で球面に沿って選択し、［編集］→［コピー］しておきます❺。

※「宙玉（そらたま）」は実験写真家 上原ゼンジ氏の登録商標です。
Soratama（http://soratama.org/）- 宙玉レンズの専門サイト

03 2枚の素材を合成します。背景素材として別名保存しておいた［素材1］を開きます。［編集］→［ペースト］を行い透明球の素材を中心に配置します❻。

04 背景素材を選択し［フィルター］→［ぼかし］→［ぼかし（ガウス）］を選択し［半径：18pixel］で適用します❼。次に透明球の素材を選択し［フィルター］→［シャープ］→［アンシャープ］を選択し、［量：100％］［半径：5.0pixel］［しきい値：10レベル］で適用します❽。これで背景と透明球のメリハリが出ました。

05 最後に透明球にハイライトを加えるために［レイヤー］パネルで［レイヤースタイルを追加］→［光彩（内側）］を選択し［描画モード：スクリーン］［不透明度：50％］［サイズ：60pixel］［範囲：50％］で適用し完成です❾❿。

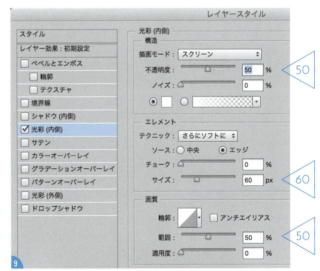

背景を思い切ってぼかすことでメインの被写体を浮き上がらせることができます。

№ 099

写真の一部分の色を変えて強調する

写真の一部分だけを選択し、色相を変化させます。

creator: Hayato Ozawa

（元画像）
1

2

↓

3

4

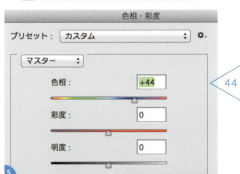
5 44

01 元画像❶の車体を切り抜き、新規ファイルに配置します❷。［クイック選択ツール］で車の形をとり、コピー＆ペーストで新規レイヤーに貼りつけます。細かい部分は、［ツールパネル］で［クイックマスクモードで編集］ボタンを押し、［ブラシツール］で塗るなどして調整します。

02 車のボディ部分を切り抜き、色を変えましょう。［クイック選択ツール］で、ボディ部分を切り抜き、新規レイヤーにコピー＆ペーストします❸。［イメージ］→［色調補正］→［色相・彩度］で、［色相：+44］に設定します❹❺❻。ここではさらに［レベル補正］で色味を調整しました❼。

6

7

03 背景をモノトーンにしましょう。背景レイヤーの上に［レイヤー］→［新規調整レイヤー］→［自然な彩度］のレイヤーを作成します❽。［自然な彩度：－60］、［彩度：－90］に設定します❾❿。

04 コントラストを強くし、深みを出します。レイヤー1の上に、［露光量］［レベル補正］の新規調整レイヤーを作成し⓫、全体のコントラストを調整します⓬。
（車体の露光量を上げたくない場合は、車体部分にマスクをかけます）。

05 全体の雰囲気をレトロ調に仕上げます。先ほど作成したレイヤー上に、モノトーン調のクラフト紙素材のレイヤーを作成し⓭、［描画モード：ハードライト］、［不透明度：25％］に指定したら完成です⓮⓯。

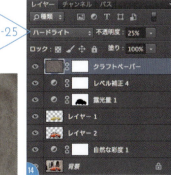

creator: Hayato Ozawa

№ 100

雪を押し込んだようなタイポグラフィ

レイヤースタイルの組み合わせで、
雪を押し込んだようなイメージを作成します。

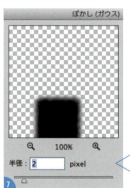

01　雪の画像を用意し❶、[文字ツール]で文字を入力します❷。[レイヤー]→[新規]→[レイヤー]で新規レイヤーを作成し、[描画色：白]にして[塗りつぶしツール]で塗りつぶしたら、雪の画像のレイヤーと文字のレイヤーの間に移動させます。白く塗りつぶします❸。文字のレイヤーと白のレイヤーを Shift キーを押しながら選択したら、[レイヤーパネル]メニューで[レイヤーを結合]をクリックします。

02　自然な感じに見えるよう文字を加工していきましょう。[フィルター]→[スケッチ]→[ぎざぎざのエッジ]を選択し、文字の輪郭を粗くします❹。[選択範囲]→[色域指定]で白い部分を選択し❺、Delete キーで消去します❻。[フィルター]→[ぼかし]→[ぼかし（ガウス）]をかけます❼❽。

03 ［レイヤースタイル］で立体感を出します。文字のレイヤーで［塗り：0％］にします❾。レイヤースタイル［シャドウ内側］背景の雪の画像を複製し、文字の形に選択し、消去します。❿ ⓫。［レイヤー］→［レイヤースタイル］→［ベベルとエンボス］を適用します⓬ ⓭。

04 色味を青くしていきます。［レイヤー］→［新規調整レイヤー］→［レンズフィルター］を適用します⓮。

05 雪の画像の周りに、調整レイヤーによってできてしまった立体感を消しましょう。調整レイヤーをかけた雪の画像の下に、［レイヤー］→［新規］→［レイヤー］で新規レイヤーを作成します。［レイヤーパネル］メニューで［画像を統合］をクリックします。レイヤーマスクをかけて⓯、周囲を消します⓰。最後に文字を載せて完成です⓱。

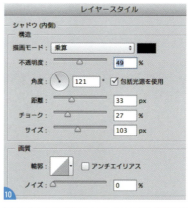

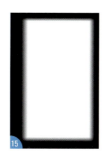

creator: Hayato Ozawa

（元画像）

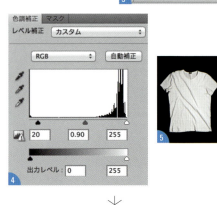

№ 101

プリントTシャツのモックアップを作る

［置き換えフィルター］を使うと、
シワの入った布と文字を自然に合成することができます。

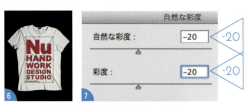

01　まず、画像を切り抜いてTシャツの濃淡を上げていきます。［クイック選択ツール］や［マグネット選択ツール］等で画像を切り抜きます❶。［レイヤーパネル］で切り抜いた画像のレイヤーをコピーし❷、［レイヤー］→［新規調整レイヤー］→［レベル補正］で❸、シャドウ部と中間調をやや明るく設定します❹。ここで、一度データをPSD形式で保存します❺。

02　プリントしたいビジュアルをはめ込みます。ビジュアルをコピーし❻、色が強い場合は［イメージ］→［色調補正］→［自然な彩度］で少し彩度を落とします❼。［レイヤーパネル］で［描画モード：焼き込みカラー］に選択します❽。［文字ツール］で文字を入力し、［レイヤーパネル］メニューで［テキストをラスタライズ］を選択して文字をビジュアルとして使ってもよいでしょう。

03 文字ビジュアルをシワになじませましょう。［編集］→［変形］→［ワープ］で ⑨ ⑩、ざっとパースに沿ってビジュアルを変形させます ⑪ ⑫。さらに［フィルター］→［変形］→［置き換え］を選択し ⑬、数値を ⑭ のとおりに設定します。［置き換えマップデータを選択］のポップアップが出てきたら ⑮、先ほど保存したファイルを開きます ⑯。

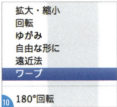

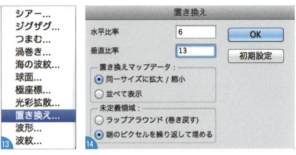

04 色を調整します。ビジュアルのレイヤーをコピーし⓱、色が強く出ているので、手順02と同様に彩度を落とします⓲ ⓳。余分に重なった部分はレイヤーマスクを作成し、黒く濃すぎたところを塗りつぶし、消していきましょう⓴。

05 飾りとしてインクの汚れをつけましょう。インクの画像素材を開いて㉑、⌘（Ctrl）+ C でコピーし、⌘（Ctrl）+ V で貼りつけます㉒。

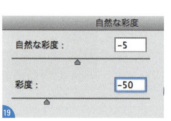

06 ［レイヤーパネル］で［描画モード：焼き込みカラー］に設定したら㉓、手順02と同様に彩度を落とします㉔㉕。さらに［イメージ］→［色調補正］→［色調・彩度］で㉖のように設定します㉗。このレイヤーでも、同様に［置き換えフィルター］を適用します㉘。この場合は柄が細かいので、数値を先ほどより強くしましょう㉙。

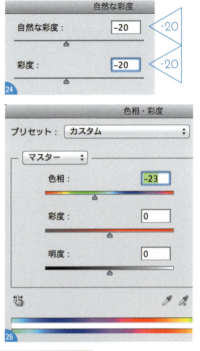

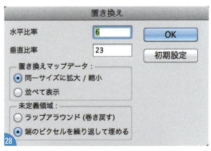

シワのついた布や紙と、文字や模様を合成して自然な感じにするために、［置き換えフィルター］を使います。まずシワのついた布を保存してから、［フィルター］→［変形］→［置き換え］を選び、保存したシワのついた布を選択するだけです。

creator: Hayato Ozawa

（元画像）

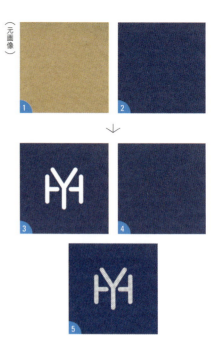

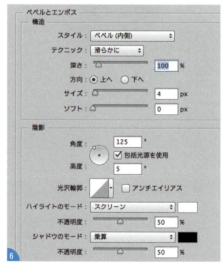

№ 102

型抜きをしたような加工

レイヤースタイルを使えば、
型抜きしたような加工ができます。

01　紙の画像を用意します❶。［イメージ］→［色調補正］→［階調の反転］で、画像のカラーを反転させます❷。

02　ロゴの形に穴を開けましょう。［文字ツール］で文字を入力し、［レイヤー］→［ラスタライズ］→［テキスト］でテキストを図形扱いにします。［編集］→［自由変形］や、［イメージ］→［画像の回転］などで、ロゴを作成します❸。［クイック選択ツール］等でロゴの形の選択範囲を作成し、［選択範囲］→［選択範囲を反転］させます❹。このロゴを消去し、［レイヤーパネル］の［ベクトルマスクを追加］ボタンを押し、青い紙のレイヤーにマスクをかけます❺。［レイヤーパネル］で［レイヤースタイル］ボタンを押し、［ベベルとエンボス］、［ドロップシャドウ］を適用します❻❼❽。

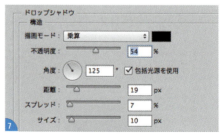

03 先ほど作った画像レイヤーの下に新規レイヤーを作ります。別の画像を開いたら、⌘（Ctrl）+ C、⌘（Ctrl）+ V でコピー＆ペーストします ❾。［レイヤー］→［新規調整レイヤー］→［レンズフィルター］を選択し、色味を調整しましょう ❿ ⓫ ⓬。

04 飾りとなる文字を作成していきましょう。［ペンツール］か［楕円形ツール］で円のパスを描きます。［文字ツール］を選択し、パス上にカーソルを合わせ、カーソルの形状が変わったところでクリックし、文字を入力するとパスに沿って文字が入力されます。欧文の文字の向きを外側にするには、［パス選択ツール］を選択し、テキストの上にもっていくとカーソル形状が変化するので、外側にドラッグすると向きが変わります。
［レイヤー］→［ラスタライズ］→［テキスト］でテキストを図形扱いにします。最前面に、この文字を配置したら、［レイヤーパネル］で［ベクトルマスク］を選択します ⓭。
［フィルター］→［描画］→［雲模様2］を適用したら ⓮ ⓯、［フィルター］→［ノイズ］→［ノイズを加える］を適用します ⓰ ⓱。［描画モード：スクリーン］にします ⓲ ⓳。

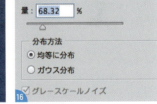

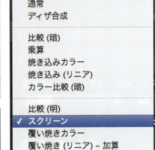

≫ 手順02　背景レイヤーを操作するときは、［レイヤーパネル］メニューで［背景からレイヤーへ］を適用します。

creator: Hayato Ozawa

№ 103

ありえない合成でインパクトを出す

［フィルター］→［変形］→［置き換え］を使って、
画像と文字を自然になじませましょう。

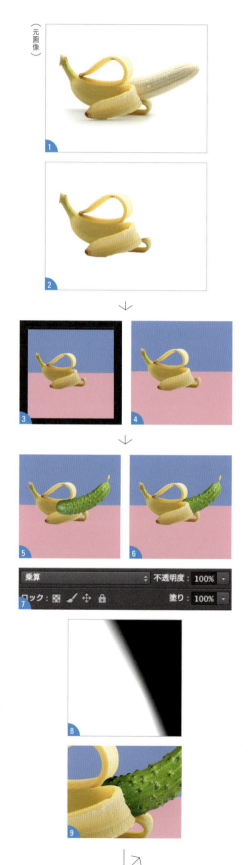

01 バナナの画像を用意し❶、［クイック選択ツール］や［マグネット選択ツール］などで皮の部分を選択し、⌘（Ctrl）+Cでコピー、⌘（Ctrl）+Vで貼りつけます❷。

02 背景を作成しましょう。最背面に、［レイヤー］→［新規］→［レイヤー］で新規レイヤーを作成します。2トーンに塗りたいので、［長方形選択ツール］で選択範囲を作成し、［描画色］を変更して［塗りつぶしツール］で画面クリックします❸❹。

03 きゅうりの画像を用意し、合成します❺。先ほど作ったバナナの皮画像の下に配置します❻。⌘（Ctrl）+Cで複製し、⌘（Ctrl）+Vで貼りつけます。［レイヤーパネル］で［描画モード：乗算］にします❼。マスクをかけて（P269参照）、皮との境目にわずかな影を作成します❽❾。

04 バナナの画像の色味を調整していきます。切り抜いたバナナの画像を⌘（Ctrl）+ C、⌘（Ctrl）+ V で複製します。［レイヤーパネル］で［描画モード：乗算］にします❿。両方のレイヤーを複製し、［レイヤーパネル］メニューで［画像を結合］します⓫。［描画モード：ソフトライト］にします⓬ ⓭。

05 文字をなじませましょう。［文字ツール］で文字を入力したら、［レイヤー］→［ラスタライズ］→［テキスト］でテキストを図形扱いにします⓮。［レイヤーパネル］で［編集］→［自由変形］で文字を斜めに傾け、位置を調整し⓯、［編集］→［変形］→［ワープ］で画像に沿わせるように変形します⓰ ⓱。［ファイル］→［別名で保存］を選択します。元のファイルを開き、［フィルター］→［変形］→［置き換え］で、先ほど別名で保存したデータを選択し適用します⓲ ⓳。

06 文字の形のマスクを作成し、［フィルター］→［描画］→［雲模様1］を選択します㉑㉑。これを複製し、［レイヤーパネル］で［描画モード：乗算］にします㉒。これをちょうど良い明るさになるまで繰り返します㉓。［レイヤー］→［新規調整レイヤー］→［トーンカーブ］で明るさを調整します㉔㉕。全体をなじませるために、［フィルター］→［ノイズ］→［ノイズの軽減］を適用し㉖㉗、ロゴをのせたら完成です㉘。

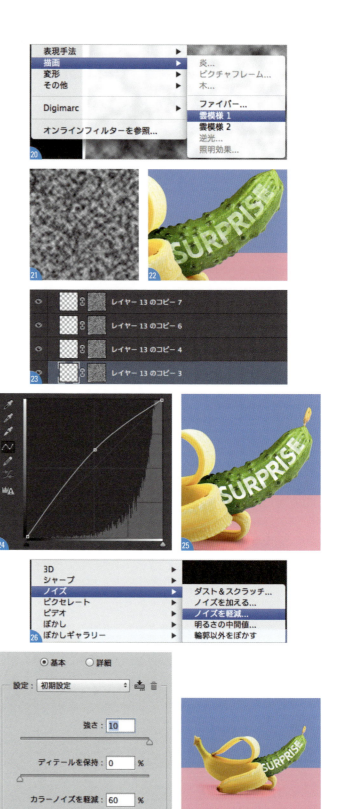

OISHII NETA JITEN *How to use*

Photoshop かんたん操作ガイド

▷ 線を引くには

［描画色］で任意の色を選び、［ラインツール］を選択します。ツールオプションバーで、［ピクセル］を選択し、［線の太さ］を選びます。画面でドラッグするとラインが引けます。水平や垂直なラインにするには Shift キーを押しながらドラッグします。

▷ 矢印を引くには

［描画色］で任意の色を選び、［ラインツール］を選択します。ツールオプションバーで、［塗りつぶした領域を作成］を選択し、［▽］を押し、［矢印］の［終了点（または開始点）］を選びます。画面上でドラッグすると、矢印が引けます。［線の太さ］や、［幅］［長さ］［へこみ具合］を調整して任意の矢印にすることができます。

▷ 色つきの図形を作るには

［長方形選択ツール］（または楕円形選択ツール）を選び、画面上でドラッグします。［描画色］をクリックし、任意の色を選びます。［塗りつぶしツール］で画面上をクリックします。⌘（Ctrl）＋ D で選択を解除します。

▷ 正方形（正円）を作るには

［長方形選択（楕円形選択）］ツールでドラッグするときに、Shift キーを押しながら行います。

▷ 正確な数値による図形を作るには

オプションパネルで［スタイル：固定］、［幅］と［高さ］を任意の数値に変更します。単位［px］は［mm］［cm］等にも変えられます。

▷ 線のみの四角形を作るには

［長方形選択］ツールを選び、画面上でドラッグします。［編集］→［境界線を描く］を選び、幅を任意のサイズにします。

▷ ガイドを引くには

［表示］→［定規］を選択します（⌘（Ctrl）＋ R）。定規が現れたら、定規上からドラッグするとガイドが引けます。ガイドを削除するには、そのガイドをドキュメントウィンドウの外へドラッグします。

How to use

▷ 図形を変形させるには

[編集] → [自由変形] （ショートカット： ⌘ （ Ctrl ） + T ）を押して現れるコーナーハンドルを動かします。 Shift キーを押しながら動かすと、縦横比を固定したまま大きさを変更できます。 Enter キーで確定させます。

▷ パスの基本

精度の高いパスを描くには、[ペンツール] を使用します。画面クリックでポイントを作成し、ドラッグで調整します。現れる [方向線] [方向点] [アンカーポイント] の選択と調整によって、直線や曲線を描くことができます。

パスを選択すると、選択した部分にあるすべてのアンカーポイントが表示されます。選択されているアンカーポイントは塗りつぶされた四角形、選択されていないアンカーポイントは白抜きの四角形で表示されます。

▷ シェイプとパスについて

Photoshop での描画にはベクトルシェイプとパスの作成の 2 種類があります。[長方形ツール] [楕円形ツール] などのシェイプ、[ペンツール] でベクトルシェイプやパスを描画することができます。

▷ ベクトルシェイプについて

ベクトルシェイプは解像度に依存しないので、サイズ変更やプリンターでの出力時に、鮮明なアウトラインを維持できますが、[ブラシツール] などのペイント系ツールや、フィルター機能を使用できません。

▷ ラスタライズについて

ベクトルシェイプに、ペイントやフィルターなどの操作を行いたい場合は、レイヤーを「ラスタライズ」して（[レイヤー] → [ラスタライズ]）、ベクター画像から、ラスター画像（ビットマップ画像）へ変換します。

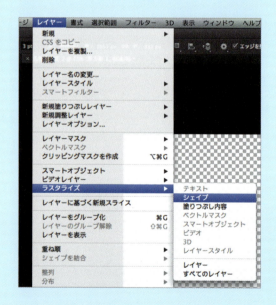

▷ パスについて

パスとは、選択範囲にできるアウトラインや、カラーでの塗りつぶしや境界線にできるアウトラインのことです。アンカーポイントを編集することによって変更できます。

▷ パターンを作成するには

パターンにしたい画像を用意し、［編集］→［パターンを定義］。名前をつけて［OK］を押します。パターンで塗りたい画像を選択し、［塗りつぶしツール］を選び、［ツールオプションバー］で［パターン］を選び、定義したパターンを選んだら、画面上でクリックします。

▷ 簡単にロゴを作るには

［ツールパネル］で［描画色］を選び、［文字ツール］で文字を入力します。［ウィンドウ］→［文字］で文字ウィンドウを表示し、フォント、フォントサイズ等を選びます。文字を変形させるなど図形として扱うには［レイヤー］→［ラスタライズ］→［テキスト］を選びます。これで［編集］→［自由変形］や［変形］→［拡大・縮小］など、文字を変形させることができるようになります。

文字をひとつずつ変形させたい場合は、一文字ずつラスタライズさせるか、レイヤーを分けるとよいでしょう。

▷ マスクをかけるとは

マスクされた部分だけ表示するようにするものです。画像を二つ用意し、表示させたい部分のみの選択範囲（＝マスク）を作ったら、［レイヤーパネル］下部の［レイヤーマスクを追加］ボタンをクリックします。

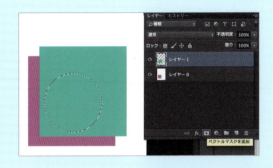

↓

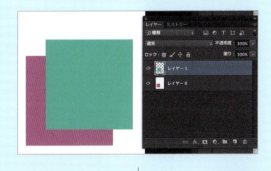

↓

How to use

▷ 選択範囲を作るには

選択範囲を作ることで、編集したりフィルターを適用したりできるようになります。選択範囲を作るには、さまざまな方法があります。

・［クイック選択ツール］
［クイック選択ツール］で画像をなぞります。［ブラシ］のサイズを変更したり、画面を拡大縮小したりして、なぞっていきます。はみ出した場合は、[Alt]キーを押しながらなぞるとその部分を消去することができます。

・［自動選択ツール］
［自動選択ツール］で画像をクリックします。［許容値］を変更することで、選択範囲を変えることができます。許容値が低いと、クリックしたピクセルに近いカラーが選択されます。許容値が高いと、選択されるカラーの範囲が大きくなります。

・［なげなわツール］
ドラッグして選択範囲の境界線を描きます。選択範囲を閉じるにはマウスを放します。

・［多角形選択ツール］
クリックしながら選択範囲を描きます。選択範囲を閉じるには、ポインターを始点の上に置き、ポインターの横に丸印が表示されたらクリックします。

・［マグネット選択ツール］
コントラストの強い背景に配置されたオブジェクトを選択するときに便利です。画像内をクリックして、最初の固定ポイントを設定し、選択範囲にしたいオブジェクトにそってポインターを動かしていきます。閉じるには、ダブルクリックするか、[Return]（[Enter]）キーを押します。

▷ 選択範囲を削除するには

［選択範囲］→［選択を解除］を選びます。ショートカット [⌘]（[Ctrl]）＋[D] も便利です。

▷ 精細な選択範囲をつくるには

［ツールオプションバー］の［境界線の調整］ボタンを押します。ウインドウが現れます。［表示：黒地／オーバーレイ／白地／白黒］など、画像によってみやすい表示を選んでみましょう。［エッジの抽出］で［スマート半径］をチェックし、[半径]の値を調整します。さらにブラシのマークの［半径調整ツール］を押し、輪郭部をドラッグします。

▷ ドットのパターンを作る

幅、高さ［100px］、［カンバスカラー：透明］で正方形の新規ファイルを作り、［描画色］で任意の色を選んでおきます。［Shift］キーを押しながら［楕円形選択ツール］で正円を描きます。⌘（［Ctrl］）＋［A］ですべてを選択したら、［移動ツール］を選び、ツールオプションバーの［垂直方向中央揃え］［水平方向中央揃え］をクリックし、中央に画像を配置。この円形を4回コピーペーストします。

⌘（［Ctrl］）＋［T］で画像周囲に枠が現れるので、ドラッグして、円の中心が角に来るように配置します。四隅に配置できたら、［レイヤーパネル］メニューで［画像を統合］します。

次に、［編集］→［パターンを定義］で名前を付けて［OK］を押します。別の新規ファイル上で、選択範囲を作成したら、［塗りつぶしツール］を選び、ツールオプションバーで、［パターン］を選択、先ほど定義した水玉を選びます。選択範囲内をクリックすると、水玉のパターンで塗りつぶされました。

▷ 色を塗る

画像に色を塗るには、選択範囲を作成してから、［塗りつぶしツール］や［ブラシツール］で画面をクリック、ドラッグします。色を選ぶには、［ツールパネル］で［描画色］をクリックし、現れたカラーピッカーで任意の色を選びます。または、カラーピッカーが現れたら、色の数値を入力することでも描画色を変更できます。

［ウインドウ］→［スウォッチ］で現れたウインドウで、右上のウインドウメニューを開き、［サムネール］や［リスト］から選ぶことも可能です。感覚的に選びたい場合は［サムネール］、一般的な色名から選びたい場合は［リスト］から選ぶとよいでしょう。［ウインドウ］→［エクステンション］→［kuler］を選ぶと、素早く手軽にカラーバリエーションを作ることができます。

▷ 描画モード

［レイヤーパネル］左上部にあるデフォルトで［通常］となっているプルダウンメニューの変更で、2枚のレイヤーが重なったときの見え方を変更することができます。

▷ トーンカーブでの色調補正

画像を劣化させずに色調補正を行いたい場合は、［レイヤー］→［新規調整レイヤー］→［トーンカーブ］を選び、パネル内のラインをクリックして調整します。明るくコントラストを高くするには、S字カーブを描くようにラインを調整します。

▷ 作業がうまくできないとき

・該当のレイヤーを選択できているか確認しましょう。

・該当のオブジェクトを選択できているか確認しましょう。

・［背景］レイヤーに書き込んでいないか、確認しましょう。［背景］レイヤー上で⌘（［Ctrl］）＋クリック（右クリック）し、［背景からレイヤーへ］をクリックすると、通常のレイヤーにすることができます。

・フィルター機能は、適応させる画像の内容や解像度、サイズによって結果が変わります。

著者プロフィール：

諫山 典生　Norio Isayama

1986年生まれ。福岡在住。九州産業大学芸術学部写真学科卒業。フォトスキルを活かして現在は紙媒体、WEB、アプリ、動画等のアートディレクションやプロモーションのプランニングなど幅広く活動中。また、大学の講師や画像処理の執筆も手掛けている。共著書『ほめられデザイン辞典 写真レタッチ加工 Photoshop（翔泳社）』等。

norio1380@gmail.com

永樂 雅也　Eiraku Masaya

デイリーフレッシュ（株）を経て、2010年よりフリーランスのアートディレクター、グラフィックデザイナーとして紙媒体、WEB、映像など媒体を問わずさまざまなビジュアルの企画・デザインを行っている。

http://www.amsy.jp/　amsivee@gmail.com

尾沢 早飛　Hayato Ozawa

複数のデザイン事務所で修行後、2008年からフリーランスとして独立。広告、エディトリアル、CDジャケット、WEBなどのアートディレクション、デザインを手がける。2008年には自身初となる個展「Rinkage」を開催。2013年4月に株式会社cornea designを設立。BEAMS T、ブルーノート東京の広告物、BLUE NOTE JAZZ FESTIVAL、BLUE BOOKS cafeのトータルアートディレクション、アパレルブランドのビジュアルコンサルティングなどジャンルを問わず活動中。

http://www.corneadesign.com/　info@corneadesign.com

高橋 としゆき　Toshiyuki Takahashi [Graphic Arts Unit]

1973年生まれ。愛媛県松山市在住。地元を中心にフリーのグラフィックデザイナーとして活動。紙媒体からウェブまで幅広いジャンルを手がけ、デザイン系の書籍も数多く執筆。また、プライベートサイト「ガウプラ」では、オリジナルデザインのフリーフォントを配布しており、TVCM、ロゴタイプ、アニメ、ゲーム、広告など、さまざまな媒体で使用されている。

http://www.graphicartsunit.com/　Twitter : @gautt

装丁デザイン　月足 智子
DTP制作　　　杉江 耕平、オーク・デジタル・イメージ
編集　　　　　本田 麻湖

Photoshop おいしいネタ事典

2016年 2月25日　初版第1刷発行
2016年11月15日　初版第2刷発行

著者　　　諫山 典生、永樂 雅也、尾沢 早飛（cornea design）、高橋としゆき（Graphic Arts Unit）
発行人　　佐々木 幹夫
発行所　　株式会社 翔泳社（http://www.shoeisha.co.jp）
印刷・製本　株式会社 加藤文明社印刷所

©2016 ISAYAMA NORIO,MASAYA EIRAKU、HAYATO OZAWA(cornea design)、
TOSHIYUKI TAKAHASHI(Graphic Arts Unit)

●本書は著作権法上の保護を受けています。本書の一部または全部について、
　株式会社 翔泳社から文書による許諾を得ずに、いかなる方法においても無断で複写、複製することは禁じられています。
●落丁・乱丁はお取り替えいたします。03-5362-3705までご連絡ください。
ISBN978-4-7981-4360-6　Printed in Japan.